U0048742

銷售洗腦

No Thanks, I'm Just Looking

「謝了！我只是看看」
當顧客這麼說，你要怎麼辦？
輕鬆帶著顧客順利成交的業務魔法

Sales Techniques for Turning Shoppers into Buyers

全球零售大師
哈利‧佛里曼（Harry J. Friedman）——著　　施軼——譯

No Thanks, I'm Just Looking: Sales Techniques for Turning Shoppers into Buyers by Harry J. Friedman
Copyright © 2012 by National Retail Workshops, Inc.
Chinese (complex character only) translation copyright © 2021 by EcoTrend Publications,
a division of Cité Publishing Ltd.
This translation published under license with the original publisher John Wiley & Sons, Inc.
All Rights Reserved.
本繁體中文譯稿由中信出版集團股份有限公司授權使用

經營管理 173

銷售洗腦：「謝了！我只是看看」當顧客這麼說，你要怎麼辦？輕鬆帶著顧客順利成交的業務魔法

作　　　者　哈利・佛里曼（Harry J. Friedman）
譯　　　者　施　軼
責 任 編 輯　林博華
行 銷 業 務　劉順眾、顏宏紋、李君宜

總　編　輯　林博華
發　行　人　涂玉雲
出　　　版　經濟新潮社
　　　　　　104台北市民生東路二段141號5樓
　　　　　　電話：(02) 2500-7696　傳真：(02) 2500-1955
　　　　　　經濟新潮社部落格：http://ecocite.pixnet.net
發　　　行　英屬蓋曼群島商家庭傳媒股份有限公司城邦分公司
　　　　　　台北市中山區民生東路二段141號11樓
　　　　　　客服服務專線：02-25007718；25007719
　　　　　　24小時傳真專線：02-25001990；25001991
　　　　　　服務時間：週一至週五上午09:30-12:00；下午13:30-17:00
　　　　　　劃撥帳號：19863813；戶名：書虫股份有限公司
　　　　　　讀者服務信箱：service@readingclub.com.tw
香港發行所　城邦（香港）出版集團有限公司
　　　　　　香港灣仔駱克道193號東超商業中心1樓
　　　　　　電話：852-25086231　傳真：852-25789337
　　　　　　E-mail: hkcite@biznetvigator.com
馬新發行所　城邦（馬新）出版集團Cite (M) Sdn Bhd
　　　　　　41, Jalan Radin Anum, Bandar Baru Sri Petaling,
　　　　　　57000 Kuala Lumpur, Malaysia
　　　　　　電話：603-90578822　傳真：603-90576622
　　　　　　E-mail: cite@cite.com.my
印　　　刷　漾格科技股份有限公司
初 版 一 刷　2021年12月21日

城邦讀書花園
www.cite.com.tw

ISBN：978-626-95077-7-1、978-626-95077-8-8（EPUB）　　　版權所有・翻印必究

定價：380元　　　　　　　　　　　　　　　　　　　Printed in Taiwan

〈出版緣起〉

我們在商業性、全球化的世界中生活

經濟新潮社編輯部

　　跨入二十一世紀，放眼這個世界，不能不感到這是「全球化」及「商業力量無遠弗屆」的時代。隨著資訊科技的進步、網路的普及，我們可以輕鬆地和認識或不認識的朋友交流；同時，企業巨人在我們日常生活中所扮演的角色，也是日益重要，甚至不可或缺。

　　在這樣的背景下，我們可以說，無論是企業或個人，都面臨了巨大的挑戰與無限的機會。

　　本著「以人為本位，在商業性、全球化的世界中生活」為宗旨，我們成立了「經濟新潮社」，以探索未來的經營管理、經濟趨勢、投資理財為目標，使讀者能更快掌握時代的脈動，抓住最新的趨勢，並在全球化的世界裏，過更人性的生活。

　　之所以選擇「**經營管理—經濟趨勢—投資理財**」為主要

目標，其實包含了我們的關注：「經營管理」是企業體（或非營利組織）的成長與永續之道；「投資理財」是個人的安身之道；而「經濟趨勢」則是會影響這兩者的變數。綜合來看，可以涵蓋我們所關注的「個人生活」和「組織生活」這兩個面向。

這也可以說明我們命名為「經濟新潮」的緣由─因為經濟狀況變化萬千，最終還是群眾心理的反映，離不開「人」的因素；這也是我們「以人為本位」的初衷。

手機廣告裏有一句名言：「科技始終來自人性。」我們倒期待「商業始終來自人性」，並努力在往後的編輯與出版的過程中實踐。

目次

前言

　　如今，很少有人必須像零售專業人士一樣快速地應對消費者的需求變化。昨天的熱賣品在明天可能成為死庫存。同樣地，面向顧客的銷售技巧在現今快節奏的社會可能導致災難性的後果，尤其是用於那些富有經驗、已經看過太多銷售技巧、聽過太多銷售話術的顧客時。

　　如果你還在使用過時的技巧和話術，或者你不了解人們為什麼購買，那麼你的賺錢能力、職業生涯乃至你的財富都會處於危險之中。市場就像一個危機四伏的叢林，如果你缺乏正確的工具和技巧，就會立刻被對手嚼碎然後吐出來。事實上，零售業的人員流動是所有行業和職業裡最快的。

　　介紹一下哈利・佛里曼（Harry J. Friedman）。他是位於洛杉磯的銷售與管理培訓公司佛里曼集團的總裁，他在30多

歲就創立了自己的公司，並且使之成為行業內最成功的培訓公司之一。

　　他的課程和現場演講在全世界極受歡迎，在其中以及這本書裡，哈利拋棄了那些傳統的如何在零售中成功的陳舊套路，自己建立起了一整套銷售洗腦理論，這些理論源自於已被證明有效的方法，是哈利經過數十年的研究、學習及總結第一手經驗而得到的。

　　這本書會幫您節省大量時間，讓你不必經歷無盡的沮喪就能獲得成功。哈利是零售和零售培訓的大師，但更重要的是，他是極少數有能力把知識以有趣的方式傳播的天才。哈利樂於提攜銷售從業人員，他們也願意傾聽哈利的演講。現在，他們會喜歡哈利的肺腑之言。

　　哈利從顧客進店之前要做什麼開始講起，詳細講述誘導顧客購買的所有關鍵要素，並且提供售後服務的指導。無論你是賣什麼的，哈利絕對講出了所有你應該知道的提升業績的方法。

　　哈利希望你能成功。在這本書中，他清除了所有的障礙，提供了富有洞見的銷售指導和引人入勝的閱讀體驗。他打開了他的盈利方法和充滿前景的百寶箱。哈利介紹了關鍵的用詞、適當的姿態以及迅速成交的有效行為。並且，他揭示了顧客在想什麼，想看什麼，需要確認什麼。

　　他對於顧客心理的理解和闡釋簡直是太厲害了！哈利運用來自於真實場景的對話，從細節講到大局，揭示了銷售洗腦的強大技巧。

　　如果你認真閱讀這本書，你的銷售生涯將迎來一個千載難逢的轉機。我預言，你會愛不釋手地一頁一頁讀下去，你會挖到哈利知識裡的金子。如果你在零售業，或是其他需要潛移默化地影響他人的行業，你會發現這本書不只是一本行動路線圖，它帶來了一個契機，可以永遠地改變你和他人的人生。

理查・埃哈特（Richard Erhart），

InterTAN（Radio Shack International）前執行副總裁

第一章

不做準備，不進賣場

從空井中取水是如此的困難。

在 1989 年 3 月的一篇文章裡，布萊恩‧卡登（Brian E. Kardon）創造了一個新的銷售術語，即「消費者精神分裂症」（consumer schizophrenia）。他指出：這可能是自 1950 年代大眾行銷風潮以來，消費者行為最重要的變化。

簡單地說，人們購買的方式呈現精神分裂症的症狀。例如：

- 你擁有一輛昂貴的進口汽車，卻去一個廉價的自助服務加油站加油。
- 你會買知名品牌的冰淇淋，但又去買小品牌的狗糧或無品牌的東西。
- 你穿訂製的西裝，卻選擇買折扣玩具。

15

今天的銷售與過去有明顯的不同，有兩個主要原因。第一，人們往往對在什麼地方花錢很謹慎，渴望最好的品質和最好的服務。第二，與此同時，人們對消費非常小心，現在比以前有更多的消費品，有更多的媒體廣告在宣傳，而且還有網路。因此，這些都使得銷售員在面對顧客有限的收入時，會產生激烈的競爭。

人們並不真正「需要」豪華小汽車或鑽石手鍊，但是他們會「想要」特定的商品，用它在特殊場合表達他們的愛、激動和愉悅。畢竟，為別人或者自己找到合適的禮物是件令人興奮的事。身為一個專業的銷售員，你的目標是讓客戶渴望擁有你的商品。這才叫銷售。

專業銷售員成功的因素已不是祕密，可以用三個詞概括：

（1）準備

（2）準備

（3）準備

準備好你個人的情緒和專業知識，知道你的商品和其價格結構，了解你的競爭對手正在做什麼——這是所有成功銷售的必要因素。

單調而重要的工作

1974年，我成為一名飛行員。在成為飛行員的過程中，我學會的第一件事情是準備每次的飛行，即預先檢查或預飛檢查。為了飛行員安全，預先檢查包括許多保障飛行安全的基本任務，例如檢查燃油，確保羅盤正常運作，查看機身有沒有凹痕和小孔，以及進行其他的基本檢查，以防止飛機從空中墜毀，摔成一堆廢鋁。對我來說，這些都挺不錯的。

小心留意這些關鍵項目能幫助飛行員成長為一名成熟的飛行員。航空業有一個說法：飛行員分為老飛行員和大膽的飛行員（大膽的飛行員指的是沒有檢查基礎設備就開始飛行的飛行員），但是，沒有既老又大膽的飛行員。同樣，銷售員也分為業績突出的和有勇無謀的，但有勇無謀的銷售員不會一直都業績突出。

許多銷售人員只想學習銷售最深刻最重要的步驟，例如怎樣成交和減少被拒絕的可能、如何增加銷量。沒有人喜歡做文書工作或盤點工作，銷售中這些部分是很乏味的。但是每項工作都有乏味的任務，為了獲得成功，必須把這些任務做好。

在銷售工作中，做好重複性的、看似無聊的、需要耐心準備的零碎工作，這會為你在賣場成功打下堅實的基礎。

> 專業的銷售工作開始於準備和知識；反過來說，這
> 會帶給你自信，讓你能夠掌控整個銷售過程。

有些準備工作只需要幾分鐘，但是必須每天做。這意味著你需要在到達商店或見到客戶之前就進入工作狀態，以便你有時間做起飛前的準備。

有些準備工作需要投入更多的時間，可以在工作結束後或者休息日完成。長期的準備工作將有助於你的整體工作，就像日常預檢有助於你的工作一樣。我們將在這一章的後面討論它。

不論日常的還是長期的，做好準備將幫助你成為最專業的銷售員，使你在跟顧客打交道時，不會面臨「緊急迫降」。

顧客服務的20條黃金法則

零售業是個有趣的行業。眾所周知，那些提供高水準顧客服務的公司不僅活著，而且生意興隆；而那些不能提供良好服務的，已經不存在了。很簡單，對吧？

錯！當我在世界各地旅行的時候，我經常驚訝於有許多銷售人員為顧客提供很少、甚至根本不提供服務。我們通常

會去固定的幾家店或是餐館，因為我們喜歡那兒工作人員的服務：當地咖啡店的服務員能叫出你的名字，完全知道你在說什麼，你只需要說「和平常一樣，愛麗絲」；乾洗店的人能準確知道你想如何清洗衣服、熨衣服，而且他們每次都會這麼做，並及時完成。

最近，我去為我的好朋友買禮物。這家店客人很多，因此，購物之前，我有機會觀察銷售員的工作情況。有兩位銷售人員在櫃台工作，其中一位是中年女性，穿著整齊，看起來非常專業，另一位稍年輕一些，約20歲出頭，她穿得沒那麼正式，但有著專業的外貌。

我一邊等待一邊觀察，發現許多顧客因為第一位女士的行為而感到不滿。她完全不笑，回答問題很簡短；相反地，比較年輕的女士生意很好，她滿臉笑容，叫著顧客的名字，她花時間幫一位很急的男顧客包裝禮品。你認為我會向誰購買呢？還用說嗎！良好的、基本的客戶服務過程是不可替代的。

我總結了20條顧客服務的黃金法則，多年的實踐證明這些法則最有效，能夠確保客戶在你的店裡時感覺很放鬆和舒服。請試試這些法則，嘗試做一些改變。

1. 把產品賣給第一個顧客

零售業有個陷阱：如果你不能把產品賣給眼前這個顧

客，你還可以賣給下一個人，這同樣有價值。如果你有想過，為什麼我不能賣給第一個顧客，你就不會掉入這個陷阱。從失敗中汲取經驗比從成功中更有效。

你能看著我的眼睛，不眨眼地告訴我，對於每一位你交談過的顧客，你都力爭達成銷售，或為他提供服務嗎？我很懷疑。顧客不是，而且永遠不是你工作的阻礙，他們就是你的工作。他們就是你做這一行的唯一理由。

我真的相信這是我成功的原因之一。我很少關心人們將買什麼東西，而是關心他們在做什麼。每個人都是我擴大客戶群的機會。如果我不能經常去幫顧客結帳，我會瘋的。「你工作做得如何」的答案在於你以高轉換率將逛商店的人變成購買者的能力，而不僅僅是你給收銀台送去了多少錢。

管理者花了大把的錢在採購、選址和廣告上。沒有比把貨品賣給每一個進門的人，不讓他們逃脫更有意義的事情，對吧？另外，從成本角度考量，吸引每位顧客上門都是有成本的。舉個例子，如果你是賣鋼琴或者賣高級衛浴設備，你花在廣告和吸引每個顧客上門的費用可能高達200美元。在傳統購物中心的商店裡，這個數字可能低到10美元。**在任何情況下，每個沒有買你產品的人的成本會轉嫁給下一位進來的顧客。**因此，假如你不能把鋼琴賣給這位看鋼琴的人，200美元的成本就會被轉嫁到下一位進來的顧客身上，下一個銷

售機會的成本就變成了400美元！這樣你應該知道了，如果你沒有努力地賣東西給每位顧客，你的生意很容易失敗！

2.不要把私人問題帶入賣場

當你是別家的顧客時，你期望得到及時幫助和禮貌的對待──這讓你感覺自己受到重視。不論你那天心情如何，你的顧客都應該得到最好的接待，讓他們的需求和期望獲得滿足。

調整情緒並不容易，尤其是你剛經歷在上班的路上爆胎了，你正處於青春期的孩子昨晚跟你吵架，或者你被你的主管冷落了等事情。無論怎樣，你的顧客有權得到最好的服務，就如同你在其他的店裡得到的服務一樣。

不要指望購物者能顧及你的個人情緒，假如你把壞心情顯露出來，你自己和公司會給顧客留下不好的印象。無論遇到什麼問題，都表現如常，這是專業銷售的基礎要求。

3.不要在賣場裡聊天

想像一個場景：某天，你在店裡，周圍非常安靜，你甚至能聽到時鐘的滴答聲響。上午，你和同事圍在收銀台周圍，熱烈地討論昨晚的重大比賽。雖然你看到有位顧客走進店裡了，你還是停不下嘴巴，聊得起勁。

她看起來不像是會買的人；她並沒有專注於哪一樣特定商品，似乎只是漫無目的地瀏覽，沒有要求幫助；她的頭髮似乎沒有梳理整齊。你和同事繼續聊天，顧客在店裡溜達了一會兒，然後離開了。

跟別的銷售員聊天很容易，特別是在不忙的時候。然而，那不是你在賣場該做的事。當顧客需要幫助時，他們對於打斷銷售人員之間的個人或工作話題會感覺不安。接著他們會因為被忽略而感到憤怒。

你無法控制顧客何時進來，假如他們帶著不爽的情緒離開，你不可能再把他們拉回來。你總能找到時間跟朋友或同事聊天，但是，我們要清楚：在賣場這樣做不合適，尤其當有顧客在店裡的時候。不要讓顧客有這樣的感覺：你和同伴的聊天比他們更重要。

記住：在賣場裡，沒有任何事情比你的顧客更重要。所有賣場人員應該知道，在任何人走進來的時候，不管話題多麼重要，立刻停止聊天。

4.關注每一位顧客的存在

每位走進店裡的顧客都要以某種方式迎接──最起碼，一句簡單的「您好」。這樣做是向顧客傳達一種友善的感覺，清楚表明你知道他們正在等，你馬上就會來服務他們。

　　一位顧客在需要幫忙的時候，不可能總是求助於銷售人員。也許是因為她感覺尷尬，或者她不想打擾看起來很忙的銷售人員，或者，她就只是單純地不喜歡銷售員。即使你正忙於其他事情，當顧客等待你注意他時，迅速給他們一個回應，這可以讓他們對於你和你的店產生一種正面的態度。

　　為了真正了解這一點，想像一下上次你在家裡辦聚會。你在和一位客人聊天，而在你視線的餘光處，你看見一位朋友走進來。即使你不能從目前的交談中抽身，我相信，一個眼神示意，點個頭或者揮一下手，就能表示你注意到了新客人的存在。在賣場裡也是一樣。

　　留意顧客也會帶來有益的副作用：在商店裡，它是對盜竊的頭號威嚇。當你正視走進店裡的人們時，他們不太可能企圖偷走任何東西。

5. 永遠不要以貌取人

　　你曾經遇見那種你一看就不喜歡的人嗎？或者你一見到就喜歡的人？在銷售的世界裡，人與人之間的化學反應是非常重要的。

　　你會把上門的顧客分為也許不會買、很可能不會買、絕對不會買，甚至是連「買」這個字都不會寫的人嗎？

　　好，我承認我總是在觀察顧客，預判他們是否會買，以

及會花多少錢買。現在我仍然會這樣，但是跟以前有些不同。我現在的方式和其他銷售人員可能只有一點點不同。現在，我的意見並不會影響到我接待或服務顧客的方式。在我職業生涯的早期，我浪費了太多的時間以外貌去做判斷。如今，即使購買的可能性不高，我也不再像個垂頭喪氣的失敗者，而是像個懵懂無知的新手，對上門的客人推銷產品。

排序不分前後，銷售員的十大偏見是：

（1）服裝品質

（2）年齡

（3）性別

（4）外國口音

（5）本地口音

（6）種族或宗教

（7）舉止

（8）臉部特徵

（9）體重

（10）髮型

還有一個沒有列在上面，但很可能是最大的偏見：有的顧客一週來三次，但沒有買任何東西。

現在我的樂趣是看看我的直覺對不對。這是一場遊戲。

當客人第一次走進來的時候，我先猜測，然後瘋了似的推銷。我想看看我的直覺是不是對的。假如你像我一樣，著迷於銷售的樂趣，想把東西賣給每個人，你一定像我一樣也想玩這個遊戲。

6.不要侵犯顧客的個人空間

要特別留心感受客戶的個人空間。有些人從你們一開始交談，就能感覺到你的友善；但有些人在你們太接近時（身體或其他方面），會感覺不舒服。在你想拉近距離之前，必須先贏得客人的信任。別太冒險。

個人空間可以定義為：與別人在身體上和語言上的舒適距離。對於某些人來說，他們物理上的個人空間大約是60公分；但有些人連和你待在同一個店裡，都會覺得太近了。為了開啟銷售，我們要好好談談物理距離及它的含義。

在說話方面，有些事你要主動避免，以免冒犯客戶。當你開始一段陳述的時候，不要使用你的名字或者詢問顧客的名字。一開始就直呼其名，對於大多數顧客來說，都過於失禮。顧客們往往喜歡保持匿名直到他們決定購買。然而，在探詢和展示的過程中，交換姓名就變得理所當然。時機很重要！

我會用一種「友善測試」去得到顧客的名字，並了解到

在互動時應該正式一點還是隨性自然一點。報上自己名字，看看顧客是否回應。可以簡單地說，「對了，我叫哈利」，然後等著回應。回應有三種可能。如果顧客說：「我叫珍。」表示顧客對你稱呼她「珍」感到愉快。如果顧客說：「我姓史密斯。」你就可以稱呼她的姓，但是最好更正式些。或者她可能說：「嗯。」這樣的顧客可能是超級抗拒型，你就可以省點力氣了。假如她不說出自己的名字，你必須尊重她的私人空間。

而且，有些人只有在非正式場合時，才會覺得舒服。以我來說，叫我「佛里曼先生」時，我很少回應。我對誰都稱自己「哈利」。有一次，我們聚會慶祝公司成立十週年，我邀請我父親參加。當我向同事介紹他時，有人說「見到您很高興，佛里曼先生」，我父親回答「我不是佛里曼先生，我父親才是」。我猜這是遺傳。

當我們在開場和詢問的環節時，直覺是積極交流的重要部分，你從顧客的身體語言和回應你的語言及動作，可以了解很多訊息。許多機會丟掉了，就是因為侵犯了顧客的個人空間，而且是在無意識的情況下。

7. 恰當地稱呼不同顧客

我要挑戰零售業的一項傳統做法，也就是別再使用「先

生」（sir）或「夫人」（ma'am）。

　　最近，我想買一些碗盤，去了一家裝潢高檔的店家，我以為在這個精緻、古典的小店裡，我會得到更好的服務。選定了品項之後，我問一個售貨員是不是都有現貨我可以帶走。

　　售貨員的回答是「我查一下，先生」。我後退了一步。後來售貨員回來說：「不，先生，我們店裡沒有足夠的貨，但我們能幫你預訂，先生！」

　　我不能忍受任何人在任何時間以任何理由稱呼我「先生」。每天我醒來，在照鏡子之前，我都覺得自己只有18歲。我知道人們僅僅只是出於禮貌，但是我問過成千上萬參加我課程的人們，問他們是否喜歡被叫作「先生「或「夫人」，95%的人都討厭如此稱呼。這樣會使年輕人或中年人感覺自己更老，會提醒他們想竭力隱藏的年齡。當比你年長的銷售員還稱呼你「先生」，給人感覺他是故意放低姿態的樣子。相信我，別稱呼顧客「先生」和「夫人」，只要做到有禮貌就夠了。

8. 對顧客不要濫用同情心

　　你從事的是銷售，而不是心理諮商。**老練的顧客會有各式各樣的故事等著你，讓你掉入陷阱，相信價格太貴，或是**

他們就是與眾不同，你應該為他們破例一次。同情心是對顧客的感受感到抱歉，而同理心則是了解他們的感覺，但不是照單全收。如果你不明白兩者之間的不同，你就會做出錯誤判斷。許多銷售員丟掉機會，就是因為他們覺得對不起顧客，覺得不應該賣東西給他們。

假如顧客對於是否要花錢買一樣東西優柔寡斷，原因是再買就要刷爆信用卡了，或更需要給孩子買雙鞋，或家裡的洗碗機剛壞了，多數銷售員會表示同情，並告訴顧客完全能夠理解，希望在情況好轉時，他們能再回來。但我不會這樣，我會說：「我知道你的意思。當我感覺我不應該花錢的時候，唯一能讓我感覺好一點的事情就是花更多的錢，你何不試試看呢？」

9. 傾聽客戶在想什麼，而不僅是他們說的話

顧客不一定很清楚她想買的商品的正確名稱或是規格。銷售員常常對於了解專業術語感到自豪，這可能產生危險的衝突。舉個例子，我的一位顧客曾經問我，他應該購買何種型號的DVD才能播放我的銷售課程光碟。對我而言，可以輕鬆地回應，我的光碟都是DVD格式的，用DVD播放機就可以了。但她為什麼搞不清楚呢？當然，讓她知道答案很重要，但應該是在我完成銷售之後，而不是之前。

　　話語是微妙的。你不能保證聽到同一句話的兩個人所聽到的意思相同。了解你的產品，用心傾聽，你就能明瞭顧客的意思，並為她們提供服務，而不會失去一樁生意。

　　話語也能讓你擺脫困境。我曾經為幾個傢俱店做銷售培訓，課程結束後我參觀了其中一家店。當然，銷售人員為了考驗我，把下一位進門的顧客轉交給我。我從沒來過這個店，我不知道任何東西放置的地方，我完全沒有掌握任何細節，就在準備不足的情況下為顧客服務。但有8個銷售員等著看銷售大師在他們眼前失敗，我不得不接受挑戰。

　　一位女士走到我面前說，她正在尋找一個davenport（長沙發）。從出生到現在，我從來沒聽過davenport這個詞。我是土生土長的加州人，而davenport是美國中西部稱呼「沙發」（sofa）的方式。「好的，那您喜歡的是哪一種davenport呢？」她說：「哦，這次我想要大約長2公尺的。」我立刻排除了她想要買燈的可能性。切記，留意她所想的，而不僅是她所說的。（順便一提，我成功賣給她了！）

10.不要使用專業術語

　　每個行業都發展出了一套專業術語來描述其產品，以防止誤解和混淆。例如，在電腦行業裡，有「百萬位元組」（MB）、「記憶體」之類的術語；在珠寶行業裡，有「內含

物」和「折射率」。在同領域裡，這些專業術語令業內的溝通變得容易，然而，它們也讓那些對專業術語完全無感的顧客混淆。在介紹中使用專業術語時，多數情況顧客不會問它們是什麼意思。於是，就出現了一個漏洞：許多顧客不願去搞清楚這些術語，他們選擇離開。

假設有個人決定開始慢跑，他有15年沒有買過運動鞋了，他對於運動鞋昂貴的成本和複雜的技術沒有概念。他試穿一雙，營業員提示鞋底夾層是EVA材質，顧客一聽到EVA，就立即覺得還是想想再買吧。

他回到家，看看鄰居穿的是哪種慢跑鞋，然後，他在別家店裡買了雙同款式的鞋。假如銷售員沒有想當然地認為每位顧客都知道EVA的意思，他可以解釋EVA的優點，讓自己成為幫助顧客做決策的朋友，而不是讓他的鄰居幫他做決策。

讓你的語言簡單、易懂。假如你需要使用專業術語，也要同時做出解釋。例如：「這個MP3播放機有32G的記憶體。那代表，它能存8,000首歌。」

這個規則有兩點例外：（1）女銷售人員或年輕的男銷售人員；（2）高教育程度的顧客。

社會一般認為女性不懂技術性的東西（事實並非如此），因此，女銷售員可以在最初的介紹中拋出一點術語，來塑造自己的專業形象。我不知道我是否會向一個太年輕的

銷售員買一套 5,000 美元的音響設備，但如果他開始談論起總諧波失真（Total Harmonic Distortion），我不僅高興，也會更信任他。

對於受過專業教育的顧客，偶爾說一些相當或略高於他們水準的資訊，能獲得他們的尊敬。但是，總的來說，你應該恭維他們的功力深厚：「太好了！我終於找到能做如此深入交流的人了。」

11. 讓客戶感覺一切盡在掌握中

當顧客走進店裡的時候，他們肯定有一種擁有權力的感覺。他們是顧客，因此感覺自己一切盡在掌握。多年以來，他們信奉這句話「顧客永遠是對的」，我們需要他們甚於他們需要我們，因此我們要服務好他們。顧客也是人，有可能會粗魯無禮、大聲喧嘩，可能觸發你的負面情緒，但是告訴顧客他們錯了，我可能會丟掉成千上萬美元的業績。

現在，我相信我有解決辦法，我可以賣給他們想要商品數量的兩倍。我在賣場服務，不考慮顧客對或不對，畢竟，**我寧願錯而收入豐厚，也不願對但沒有銷售。**

12. 永遠不要打斷你的客戶

如果你曾經像我一樣，在介紹商品時忍不住去打斷顧客

的話，或是糾正他們的想法，這麼做的負面影響就是失去顧客。

人們都感覺自己很重要。當你打斷他們時，你就是在說他們不重要。輪到你說話的時候再說，這樣你更可能做成生意。我過去常在我的手指上緊緊纏上OK繃，有時纏得太緊還會很痛，這麼做只是為了提醒自己閉嘴，讓顧客說話。

13. 客戶說話就意味著購買

一般人每分鐘說125~150個單詞，從生理角度，你每分鐘能聽進去1,000個單詞。因此，當某人以每分鐘150個單詞的速度與你談話時，剩下850個單詞的時間你會做什麼？你可能會分心，集中注意力變得非常困難。我建議你多聽少說，你將會更投入。注意，你有兩隻耳朵，但只有一個嘴巴！**當顧客正在說話時，在某種意義上，他就是正在打算購買。當他保持緘默的時候，你就麻煩了。**

14. 交流應該是雙向的

你曾經試過與那些一言不發的顧客交談嗎？高品質的提問能讓你的介紹變得更容易。你若能提出有效的問題，就可以讓顧客開口。當別的都沒用時，讓顧客開口的唯一方法是，結案。我知道這聽起來很荒謬，但不管你處於談話的什

麼階段，這樣就能把壓力推到了顧客一方，他們會開始告訴你他的感覺。

舉例而言，你正談到一些重點：「另外一件重要的事情是……」沒有回應。「還有一件事是……」沉默。你最後一招是：「需要包起來嗎？」哦！他開始說話了。

15. 讓你的顧客喜歡和信任你

在一個聚會上，主人把鮑伯介紹給別人：「鮑伯，這是瑪麗。瑪麗，這是鮑伯。」瑪麗立即開始長篇大論：「鮑伯，你不會相信我的一天是怎麼度過的！今天早上車輪爆胎，那還只是開始……」嘮嘮叨叨，說個沒完。一會兒，當鮑伯禮貌地從交談中抽身時，主人問他覺得瑪麗怎麼樣，鮑伯回答「很討厭」。

接著，主人把鮑伯介紹給其他人：「鮑伯，我想把你介紹給薩拉認識。薩拉，這是鮑伯。」鮑伯說：「你好。」接著退到一邊，他害怕碰到另一個瑪麗。薩拉說：「鮑伯，你還好嗎？」這次，鮑伯口若懸河地說了15分鐘，沒讓薩拉說一個字。過了一會兒，當主人問鮑伯薩拉怎麼樣時，他回答：「她很棒。」

主人問他薩拉都說了什麼，鮑伯回答：「我不知道，但我喜歡她。」這個故事的寓意是什麼？**讓顧客喜歡你、信任**

你的最簡單方法是讓他們說話。畢竟，你已經知道你所知道
的。顧客知道什麼很重要，你的任務是讓他們說出來。

16. 總是看起來很專業

當顧客走進商店，在你跟她說話之前，她已經對環境、
商品和你都形成了初步印象。顧客的感受可能受到許多超出
你所能控制事情的影響，比如她的心情、私人問題或者對你
公司的成見等。所以，盡力做好你所能控制的部分非常重要。

商店本身，以及在商店裡提供服務的人需要有一個得體
的形象。顯然，看起來需要修整一番的商店不如整齊、乾
淨、明亮的商店吸引人。營業員也需要穿著得體，行為友
善，舉止有禮。

我 15 歲半時在銷售業得到第一份工作。當時正流行留長
髮，我不得不在同伴壓力和銷售之間做出選擇。我真的想留
長髮，但我更想賺錢。因此，我能理解年輕人是多麼不想為
了一份收入微薄的工作而放棄新潮打扮。

不久前，在某家體育用品店，我不得不直面這個問題，
他們的雇員中大約 80% 是高中年齡的孩子。我們在店裡舉行
了一場有關著裝的開放討論，我說道：「我不介意你的頭髮
是橘色尖錐形，只要它完美、整齊就行！」他們馬上心領神
會。後來，我讓他們自己決定新的著裝應該如何。他們提出

黑色褲子、領帶。

　　我是這麼看的：我傾向於尊重顧客，因此，在銷售時，穿著打扮要比日常稍正式一點。我從不相信你應該穿得跟顧客差不多，以使他們感覺更舒適。我曾拜訪一個自行車店，他們的銷售人員穿著牛仔短褲、網球鞋，T恤上印著我從沒聽過的搖滾樂團的名字。如果你的銷售對象是20歲以下的顧客，這很合適，但是假如顧客是我，想花1,500美元買一輛自行車會如何？**你的穿著要盡量避免讓顧客感覺不快。**

　　假如我馬上要回到賣場，我會打一個紅色的領結，穿紅色的吊帶褲。那將使我與眾不同。即使顧客不記得我的名字，至少他會想起那個打紅色領結的傢伙。

17. 掌控局面

　　如果對顧客不聞不問，顧客會在商店裡空溜達，問題得不到解答，大多數時候的結果就是沒有銷售。假如以下幾點做到位的話，你在任何銷售中都能掌控局面：

- 完全了解銷售過程
- 熟悉關於顧客的知識
- 熟悉關於產品的知識
- 完全了解你的商品及它們擺在哪裡

即興銷售會帶來問題。當你即興為之，你會很難掌控交易，不會使你的顧客覺得購買的過程很舒服。

18. 善於發現購買訊號

業餘的銷售員想知道顧客會不會買。專業人士知道他們會買，唯一的問題是買什麼、花多少錢。確定購買訊號，要靠知識和經驗的累積。我知道許多銷售人員有20年的經驗，不幸的是，其實他們真正的經驗只有1年，剩下19年都在重複。每年別人都在成長，從錯誤中汲取教訓，獲得新的知識。本來，那些上門的顧客都是有意識或潛意識地希望擁有你所賣的商品，因此，除非你能未卜先知，否則就假設每個人都會買，並開始你的銷售旅程去發現他們想買什麼。

19. 熱情地銷售，不管你喜歡或討厭

賣你喜歡的商品當然比賣你不喜歡的商品更容易。你在展示某些你認為沒有替代品的商品時可能會覺得非常興奮，或者你已經疲於銷售那些有大量庫存的商品，只想展示新商品。

重要的是顧客想要什麼，而不是你喜歡的，或你認為最好的。**當你能用銷售你所鍾愛商品的熱情來賣你個人不喜歡的商品的時候，你就能自稱是專業的銷售人員了。**

　　你可能喜愛你的店裡的某件東西，因為你被它從原始狀態變成奇妙的形狀展示在架上的過程所吸引。舉個例子，鑽石經歷數百萬年後在地球的深處成形，經過開採、切割，批發商、分銷商之手，才能華麗地出現在顧客手上，你可能覺得這個過程很酷。

　　假設你銷售的是珠寶和手錶，但你的顧客可能是用攢了許多年的錢來買你並不喜歡的品項。當他們購買平凡無奇的商品，你可能會有點失望或漠不關心。儘管如此，顧客是進來購買他想要的東西，你不能讓你的觀點影響到顧客所珍視的東西。假如顧客想買手錶，你需要用像展示鑽石時的能量和熱情來介紹它。

　　不論顧客來買乏味的還是令人興奮的商品，是買過時的還是最新款式的，是極度奢侈的還是廉價的東西，你都要保留自己的意見，傾聽顧客的需求。在你幫助他選擇時，展現你的熱情。

　　商店的採購有時候像嗑了藥似的，偏偏進一些讓人傻眼的東西。當然，這是我的理論。首先，廠商認為它很不錯，值得生產；其次，採購也認為很好，並且替商店購買。我想一定有客人贊同以上兩點，我的工作就是找到這些客人。我的工作是賣出商品，而不是對它品頭論足，除非採購問我應該進什麼貨。坦白說，假如你想知道我最喜歡哪種商品，答

案肯定是賣得最快的商品！

20. 隨著不同的音樂起舞

　　一個偉大的銷售員不會每次用同樣的方式對待顧客，而是有技巧地隨機應變，適應不同風格和節奏的顧客。你不必每次在和新的顧客交談時都重塑你自己，也不必發展多種個性。儘管如此，正在跳狐步舞的顧客不可能對迪斯可的拍子回應非常積極，進取型的人可能不喜歡非常保守的方法。

　　我記得教過一個年輕的銷售菜鳥怎樣打開銷售之門。他看著我用一種非常華麗的方式招呼20歲出頭的情侶。輪到他時，他用同樣的方法接待一對60歲左右的夫婦，結果失敗了。問題不在於多麼了解你的顧客，而是至少要看著他們、傾聽他們、準備好你的介紹語，用這樣的方式使他們感覺舒服，這會帶來巨大的收益。

　　有天，我走近一個顧客，問他在幹什麼。他轉向我說：「你是第三個問我這個問題的人。」我盯著他的眼睛說：「嗨，兄弟，我不知道你去過什麼地方，跟什麼人聊過，但我是個好人，你可以信任我。」然後，我轉向店裡其他銷售人員說：「對吧，各位？」所有人齊聲回答：「對！沒錯！」那個人笑了，最終購買商品了。舞蹈要適合不同的音樂。

專業銷售員的四種職業

多年前，我發現自己像華特‧米提（Walter Mitty，一個夢想做其他工作的人），當我在賣場時，我假裝自己是其他人。這種偽裝很有趣。我發現身為一個專業銷售員，有時在賣場裡，我像是在扮演不同的角色，做著其他行業在做的事。當我把自己和其他行業結合起來，我發現我的成功機會變得更高了。以下是我經常使用的四種職業。

畫家

真正能夠把你的店與其他的店區分開來的唯一事情是你自己。**將你和其他銷售人員區分開來的唯一事情是你關於產品、人的知識，以及你在介紹產品知識和表達自我時的精彩話語。**

就像畫家使用畫筆和畫布創造出令人振奮的藝術作品，銷售員用言語創造激情以及顧客對產品的渴望。無論你是描述光彩奪目的寶石，還是具有獨特優點的變焦鏡頭相機，或者某件服裝的式樣與亮點，你需要用你的詞彙拼湊出一幅圖畫，點燃你的顧客心中的購買之火。

這意味著你必須對顧客做出準確的評估，因此，你要有能力用她感覺舒服的方式與她交流。一位梵谷型的顧客不可

能對一個迷戀畢卡索的銷售人員感到放鬆。

用話語為你的商品繪製一幅圖，需要對產品和服務有透徹的認識。除非你已花費時間學習你所需的知識，否則，你怎麼有把握說你的產品可以耐用一輩子，或它是來自巴黎的最新款式？

對顧客的評估和對商品的評估同樣重要，如此，你才能清晰地表達自己。你的語言能力將使你能夠介紹產品以滿足顧客的獨特需求，能夠讓你的陳述活潑生動、引人入勝和令人興奮。

這裡有一個介紹商品的範例，是我的一個學生在銷售課上介紹一雙鞋子。我做了簡單變化去創造激情。學生說：「這雙鞋子完全是皮製的，很柔軟，穿起來很舒服。」我把它變成：「你知道嗎，當你穿上這些鞋子時，你將露出微笑，因為這些鞋子的特色之一是它們柔軟的小牛皮，當你穿上它們，它們會符合你的腳型，給你一種訂製的感覺，穿特別訂製的鞋子走路的感覺很棒，不是嗎？」

建築師

十幾年前，我開發了一個達成銷售的流程圖，它幫助了我以及無數的銷售人員。它叫做「七步成交法」。看到以下的八條，不要以為被愚弄了。預先檢查是一個準備的步驟，

不包含在我的七個步驟之內，但它是最重要的。

（1）預先檢查

（2）開啟銷售

（3）探詢

（4）演示

（5）試探成交

（6）處理客戶異議

（7）成交

（8）確認和邀請

每一步都有它的目的和需要達成的目標。當這些目標實現時，你就可以邁向下一步，接著再下一步。正如建築師建造大樓是從打好地基開始，然後向上建造，一連串符合邏輯的步驟就能把逛街者變成購買者（下幾章的主題）。為了從顧客獲得最大的價值，你必須制訂計畫並且遵循它。

為什麼顧客想買這個商品？它是自己用，還是送人的禮物？使用它的人的年齡多大、是男是女？會如何使用它？它是會被正常使用，還是用新的、不尋常的方式使用？難道你平常都是在不知道這些問題的答案的情況下，光顧著自己滔滔不絕地講嗎？

身為銷售的建築師，你想要與顧客發展關係，並獲得你

想要的資訊，以便把逛街者變成購買者。要先獲得這些資訊再向顧客做演示（demonstration，展示、介紹商品），因為你需要打好穩固的銷售地基。沒有這些，你可能錯失重點，跳過了某個步驟，相當於還沒有鋪地板就想要裝天花板。

我最喜歡的一個例子，是發生在銷售介紹的開始階段。假設你在一家鞋店工作，剛接待完一個顧客，另一個顧客從貨架上拿了一隻鞋子到你面前，問你是否有 8 號半的鞋子。這時你會做什麼？90% 的銷售人員會去查庫存。

在這裡，銷售員打破了建築師的規則，不按計畫行事。去拿鞋子是演示階段的事。開啟銷售和探詢跑到哪去了？你說過「您好」了嗎？你能告訴我為什麼顧客想要這雙鞋子，或他將穿什麼來搭配這雙鞋嗎？他的腳量過了嗎？**專業銷售員建立和發展關係，依顧客的意願匹配商品，他們不是光站在那裡、負責拿貨而已。**

在開啟銷售時，你將學到面對面談話的價值。這個談話將為接下來的商品介紹創造情緒環境。如果你之後必須化解顧客的排斥感、發展信任，這一步就更重要了。

顧問

我在賣場裡也是個顧問，結果發現每個怪異的、不高興的、瘋狂的或抱怨連連的顧客只想要我的幫助！聽起來很熟

悉嗎？

　　顧問只是讓客戶斜倚著沙發，說出自己的問題，就能夠賺取大把的錢，只需要一遍一遍地重複說「請繼續說」。你能想像嗎？1小時200美元就只說這幾個字？然而，它確實是讓人們告訴你關於他們自己和他們的需求的有效方式。

　　「請繼續說」能誘導顧客說出希望購買商品的資訊。例如，假如你弄清楚了顧客進來購買某種商品的根本需求是什麼，你就能提出建議，你建議的可能比買主原來的設想更能滿足他的需求。

　　如今，「同理心」（empathy）在銷售中很關鍵。使用「請繼續說」能夠表達一種同理心，讓顧客在沒有顧慮的情況下敞開他們的心扉。它也讓你從顧客的角度看事情。當你能夠從他們的立場出發，你的顧客將會放鬆，感覺更好，允許你提供幫助。

　　當遇到退貨、換貨的顧客時，「請繼續說」尤其有用。你知道這種顧客的模式，在顧客開車到你的店前那一刻起，他就期待一場戰鬥。他砰地關上車門，喘著粗氣過來見你。你說「您好」，他就開始抱怨了，「這東西不好，我討厭它，這根本不是我要的」等等。你死死地盯著他的眼睛，真誠地看著他的臉，說：「真的嗎？請繼續說。」我向你保證，他會冷靜下來找到一個比較理性的口吻，因此，你能處理好這個

問題。即使你不能，盡可能地讓顧客把怒氣和挫折感發洩出來，然後，把問題轉給其他人處理。顧客不太可能以這種復仇似的憤怒再來一遍。

既然你代表公司，進來等待退貨的人可能需要你來交涉。你用「請繼續說」的技巧，就能把生氣的顧客轉變成對你和你的店產生好感。這樣做也代表著你是替顧客說話，而不是為你的店說話，從長遠來看，這對成交有利。

舞台上的明星

作為一名顧客，你是否聽過不太專業的商品介紹（presentation）？我打賭你聽過。

現在，想一想，一個藝人是多麼頻繁地表演相同的節目或唱相同的歌。舉個例子，東尼・貝內特（Tony Bennett）是個偉大的歌手，他成名了幾十年。他能夠在歌壇屹立不搖，很大程度上是由於他的才華。然而，他的長期成功也是由於他的信念——每次站在舞台上都要拿出一流的表演。

你能想像他唱過多少次他的熱門歌曲〈我把心留在舊金山〉（I left My Heart in San Francisco）嗎？我敢打賭，他每年的每一次表演都會唱，而且在他的有生之年仍將如此。每次他在觀眾面前演出，他都會遇到如果沒聽到那首歌就會失望的人。

　　我記得有一次去尼爾‧戴蒙（Neil Diamond）的音樂會（我有他所有的專輯），在近3個小時的時間裡，他唱了36首熱門歌曲，這些歌我都知道。但他並沒有唱我最期待的那首歌，因此，那天晚上我是有一點點失望的。

　　你認為東尼‧貝內特或其他歌手喜歡一遍又一遍唱相同的歌？毫無疑問，他們寧可接受挑戰或唱一些新歌，正如你喜歡把舊貨品擺在後面，在前面展示新品一樣。

> 你的顧客有權每次都享受到最精彩的演出。

　　不管你介紹了多少次，你覺得商品是多麼平凡，都不重要。你即使已介紹過幾百或幾千次了，你還是要保證你的介紹詞如同第一次那樣新鮮和令人激動。

　　特別提示：我覺得演出的精神是如此重要，所以，我們的公司佛里曼集團，製作了演出提示，每個員工在所有的官方活動中必須別上「演出」（Showtime）的胸針。任何時候，如果問他們「現在是什麼時間？」，員工必須回答「演出時間」，否則會被罰款25美元。假如你不相信，問我或公司任何員工「現在是什麼時間」，假如回答不是「演出時間」，你那天將會領到一張支票。

每日的預先檢查

- 有沒有顧客曾向你要一件商品，你去拿，卻發現沒有貨了？
- 有沒有顧客曾告訴你這件商品在另一家店也有，而且更便宜，但你卻不知道這件事？
- 你有沒有因為價格吊牌脫落，而無法告訴顧客價格？
- 你有沒有遇過收銀機裡沒有了紙帶，或是付款憑單用完了？

有幾百個原因會讓你丟掉生意，我們正處在並將繼續處在競爭激烈的業界。

> 完成銷售很困難，如果還缺少資訊或缺乏準備，那更是雪上加霜！

假如店長沒有準備一張清單讓你在進入賣場前能做好準備，我建議你自己做一份清單。記住：知識就是力量。

你可以做好四大類的事情，以提高你成交的機率。每天都在這上面努力會讓你獲得比成功或失敗更多的東西。

記住價格將使你受益

你在賣場與顧客交談，正當交談看起來逐漸熱絡時，顧客問你展示櫃裡某件商品的價格。如果你對於該商品的價格在什麼範圍都不知道，更別說是確切的價格了，因此，你必須打開展示櫃去查個清楚。

同時，顧客開始看其他的東西，或他沒有足夠的時間慢慢等你，更糟的是，他認為你也許沒有成功賣出過一件商品，因為，你顯然對它們不熟悉。**當你不知道價格的時候，可能的結果就是顧客的興趣大大降低——即使價格令人滿意。**

當你找鑰匙，或花時間打開展示櫃去查看商品價格的時候，顧客的興趣常常會由熱轉冷。假如你知道價格而不必去查，你就維持了交流的狀態。你不值得冒著損失生意的風險，只因為你沒有記住價格。

以下是為何記住價格對你如此重要的其他15個原因：

（1）能讓你在顧客滿意的價格範圍內推薦產品；

（2）假如某產品缺貨，你也比較容易推薦其他產品給顧客；

（3）省下大量時間；

（4）讓你看起來像顧客期待的那麼專業；

（5）增加你的自信；

（6）增加你的可信度；

（7）你能更快、更有效率地進行電話報價；

（8）假如價格吊牌脫落了，你能立刻補上去；

（9）增加安全性──萬一吊牌放錯了；

（10）達成銷售更容易；

（11）更容易做附加銷售；

（12）你能更容易發現錯誤的調價或價格不正確的商品；

（13）增加顧客對你的信心；

（14）讓你知道你是否與競爭對手價格一致；

（15）對於分期付款的商品，你能迅速報出還款金額。

第15條是我的最愛之一。當可以選擇分期付款時，3,000美元和3,500美元的商品的月付金可能就只差幾美元。所以這個商品不是貴了500美元，而是每月只要多付幾美元而已。處理分期付款業務的銷售員計算月付金的能力很重要，你在報價上投入的精力越多，顧客在付款時也就越順利。

了解競爭對手可讓你受益

了解跟你競爭顧客的人或產品的一切資訊，是讓你成為

成功、專業銷售員的捷徑。

　　絕不要誤以為你沒有任何競爭對手。你不光面臨銷售同類產品的人的競爭，也面臨市場上大量其他商品的競爭，他們也會搶走你顧客手中的可支配所得。

　　如今，許多事情都在分散顧客的注意力，你所知人們在哪裡花錢的資訊越少，你說服顧客購買你的產品的可能性就越小。

　　想想這些問題：

- 你的競爭對手覺得你們公司如何？
- 你的競爭對手賣什麼？
- 跟你的競爭對手相比，你的商品或銷售策略有什麼區別？
- 競爭對手提供相關服務嗎？服務品質如何？
- 競爭對手的價格結構如何？
- 競爭對手的相同或相似的商品售價是多少？

　　當你面對具體的銷售情境時，光是知道這些可能還不夠。但是知道這些問題的答案，你就能更流暢地處理顧客的相關問題。了解競爭對手也有一些個人原因，例如如何增強信心，信心能夠大大地幫助你提升銷售。

　　參觀你的競爭對手的店，索取他們的目錄，跟那些購買

了他們商品的顧客談談，閱讀他們的所有廣告。蒐集這類資訊對任何專業銷售員的成功都至關重要，因為了解你周圍發生了什麼事將使你立於不敗之地。

為什麼了解你的競爭對手會使你受益？以下就是理由：

- 你比顧客更了解競爭對手。
- 你有機會讓顧客轉而購買你的商品。
- 你會知道如何促銷（時機、定價等）。
- 你將知道競爭對手如何評論你的店（當然，別去說他們的壞話）。
- 你能獲得對商品及陳列的靈感。
- 你能提示顧客將會看到什麼。
- 你能發現行業趨勢。
- 你知道市場上有些什麼品牌。
- 你將獲得行業的專業知識。
- 你將知道他們的信貸或分期計畫。
- 你能提供具有競爭力的價格。
- 你將增加你的個人信心。
- 你能成為顧客期待的專家。
- 你能增加顧客購買的機率。

熟悉產品知識將使你受益

產品知識是否比銷售知識更重要，這個問題長期以來都有爭論。事實上你不應該二選一，你應該兼顧兩者。

> 專業銷售員必須精通專業的銷售技巧和策略，並且充分了解產品的知識，才能自信地回答顧客的問題。

只要勤奮一點，學會相關知識，就能聰明地回答顧客的問題，這不會花你很多時間。某件商品的特殊功能是什麼？一件商品與相似價格或品質的商品比較，有什麼差別？你的產品要如何使用？生產廠家提供的維修規定是什麼？你的公司提供的維修特點是什麼？它有需要特別留意的地方嗎？

當你在一個商店購物，結果你比銷售人員知道得還多，你是不是很討厭這種情形？顧客期待你在你所賣的產品方面是個專家，當你證明你就是他們所期待的專家時，他們會很高興。

你應該每天努力學習產品知識，下面是15個為何產品知識會令你受益的理由。

（1）它讓你成為顧客所期待的專業人士；

（2）它給你個人信心；

（3）你能驕傲地展示產品；

（4）你能更有效率地處理問題；

（5）節省時間；

（6）讓你在調貨時更有信心；

（7）你能更有效地決定相關的配件或贈品；

（8）讓你在有準備的情況下幫助顧客；

（9）你能提供清潔或保養的建議；

（10）你能告知熟客有新品和潮品將上市；

（11）讓你能回答技術性的問題；

（12）它會使顧客信任你；

（13）你介紹產品時將會更流暢；

（14）你能隨著顧客不同而做不同的介紹；

（15）你能更滿足顧客的需求或要求。

假如你的店裡沒有一個學習產品知識的體系，去問同事、店長或是採購，或是寫信給供應商。不要讓任何人阻止你成為專業人士。

巡視店面將使你受益

你還記得在商店工作的第一天嗎？是不是很迷惑，不知

道該怎麼做？顧客問你某商品放在哪兒，你感覺很無助。當你對於商店、庫存、陳列以及檔案資料很生疏時，有這些感覺很自然。幾週之後，你如果找到了竅門，感覺就好多了。

但是商店一直在變化，新商品進進出出，陳列也在變。你需要跟上變化，繼續增加你對商店的掌控。

在絕大多數的偉大職業中，人們在工作之前要進行一番巡查。外科醫生會檢查手術刀是否都已放好。水管工會檢查他的卡車，確認工具都在。學校老師會確認有足夠份數的考卷。歌手會進行發聲測試。你呢？如果上午10點開始工作，你10點準時到是不行的。這似乎是在說教，但我可以告訴你我的親身經歷，由於我沒有提前到位進行檢查，而導致多麼糟糕的情況。

這裡有15個理由說明為什麼在正式上班之前你必須巡視店面。

（1）讓你知道什麼時候你需要進貨；

（2）你能把放錯位置的商品放回正確位置；

（3）你將知道新商品來了；

（4）你能迅速為顧客找到合適的商品；

（5）你能發現是否需要維修或清掃；

（6）你能修正店內的看板；

（7）你將知道哪種商品在減價或者被移走了；

（8）你將知道熱銷品的庫存；

（9）你能為每天需要做的事情安排優先順序；

（10）你能發現需要變化或輪換的展品；

（11）你將知道新的店內促銷海報及媒體廣告；

（12）你能發現不相配的產品；

（13）你會注意到潛在的或實際上的偷竊問題；

（14）你能注意到照明方面的問題（燈沒開或錯誤的指示燈等）；

（15）你可以做好開店準備（檔案工作和記錄庫存）。

沒有比準備更重要的事

成為一個專業的銷售人員所需要的技巧，與成為一位成功的醫生、律師或水管工所需要的技巧一樣，可以透過付出時間、精力和努力來獲得。

成功的關鍵是組織和準備，沒有比這更重要的事情。準備意味著：**進行日常預檢，安排好每天你在賣場的任務，會讓你更自信、更有見識。**

你的成功完全仰賴你的溝通技巧、你的知識及你的熱情。當你做好準備，你會知道你在賣場要做的事：

銷售！

你知道做事的最好時間：

現在！

你知道現在是什麼時刻：

表演時間！

要點回顧

- 身為一個銷售人員，你的成功完全依靠你開拓客戶、與他們溝通、滿足他們需求的能力。

- 有太多銷售人員實在很專業，他們像是服務員。他們做了大量的例行公事，卻沒有開發特殊技能，多做一點，多做些功課，或者開發他們的客戶。

- 今天的銷售與過去顯著不同，有兩個主要原因：人們對自己在哪兒花錢日趨謹慎；如今有了更多的消費品，這讓商家對顧客可支配所得的競爭更加激烈。

- 身為一名專業銷售人員，其成功祕訣可以用三個詞概括：準備、準備、準備。

- 在零售業裡，進行辛苦、繁瑣的預檢，能為你在賣場的成功打下基礎。

- 日常預檢有10個重點：設法賣給每一個顧客；不要

把私人問題帶入賣場；不要在賣場裡聊天；注意每一位顧客的存在；永遠不以貌取人；不要侵犯顧客的個人空間；不要打斷顧客；總是看起來很專業；展示商品，不管你喜不喜歡它；隨著不同的音樂起舞。

- 大範圍的預檢需要投入大量的時間和精力，可能需要在下班後或休息日進行。

- 一個偉大的推銷員不會用同一招面對不同的顧客，他有技巧去適應環境、風格以及每位購物者的節奏，像畫家、建築師、顧問和明星一樣行動。

- 每天都要去跟顧客互動，以建立你的信心。在不太忙的時候，把握時間增強自己的能力。

- 做好準備，你永遠不要忘了你今天來是做什麼──銷售；銷售的最好時間──現在；現在是什麼時刻──表演時間！

第二章

開啟銷售

銷售中最關鍵的步驟就是你的開場白。

我很少聽到或讀到關於如何開啟銷售的話題。似乎所有關於銷售的講座和書說的都是成交或如何面對拒絕，很少提到我認為的零售中最主要的失敗原因——無法開啟銷售。

　　開啟銷售主要關於兩個因素：藝術和科學。科學的部分包括我們從經驗中得知的開啟銷售的所有事情，藝術的部分是你自己的個性。一個外科手術能夠修復你的鼻子，這關乎科學；但它卻沒法保證你的鼻子好看，因為這關乎藝術。首先我們來看看關於如何打開銷售的實例吧。

為什麼很多人排斥銷售員

　　如果你有非常糟糕的經驗，它會儲存在你的心裡。當某

些事情恰巧喚起你對糟糕經驗的回憶，你會在不知道自己在幹什麼的情形下做出反應。下面有6個這樣的例子：

（1）一個小女孩在4歲的時候從馬上摔下來，現在她30歲了，她還是不敢騎馬。

（2）我16歲的時候買了一輛二手的福特車。我花了很多錢去修它，費了好大的勁才還完了修車的錢。現在我35歲了，我想買車，但我不會考慮福特的車子。

（3）小時候，媽媽強迫我把飯吃完，恰巧那道菜是魚。我一點也不喜歡吃魚。

（4）我曾經在一個游泳池頭朝下跳水，結果我的頭撞到了池底。5年後的今天，我還是不敢以跳水姿勢入池。

（5）我走進一家店，為了一個很重要的場合想買一套西裝。銷售員在商品知識上很弱，但很積極，甚至有一些攻擊性。從那之後我就很討厭銷售員。

（6）我想買保險。銷售員給我的建議看起來不錯，但我徵求一個朋友的意見，發現銷售員並沒有給我最好的建議。從此我不相信銷售員了。

還有很多非常好、非常科學的表達支持這一理論：

• 有因必有果。

- 每一個舉動必然會導致一個反方向的對等反應。
- 每個刺激必有回應。
- 這些都與打開銷售密切相關。

不要從一開始就導致負面反應

銷售的要點在於避免刺激你的顧客的負面反應。下面這個問題，我在無數個銷售演講和研討會上問過：「你們之中有多少人對銷售員有糟糕的經驗？有多少人基本上不喜歡銷售員？」答案是：人們不喜歡銷售員。（人們不認識你，但他們不喜歡你，這種感覺很不好吧。）下面是銷售員不受歡迎的原因：

- 當顧客真的需要什麼的時候，他往往找不到。
- 銷售員賣給顧客他們不需要的東西，或者賣給顧客錯誤的東西。
- 銷售員過於輕浮或是急於成交。
- 銷售員對於商品沒有足夠的了解。
- 顧客需要更多的時間做決定，但銷售員一直催促成交。
- 顧客覺得銷售員沒什麼作用。

　　上述情形令銷售員蒙羞，但所有的例子都是真的，每天都在零售的世界裡發生。你不需要通過資格考試或是獲得執照才能成為一個銷售員。因為事實如此，所以打開銷售就更困難了。你現在的工作是越過所有抗拒感才有機會發展關係，完成銷售。

首先要化解抗拒感

　　當顧客心存對銷售員的負面情緒時，銷售員跟顧客打招呼，會發生什麼事？你能夠預測大多數的情形嗎？你打賭你可以：「謝謝，我只是看看。」令人驚訝的是，有許許多多的銷售員聽過這句話，卻從不想辦法去跨越它。我不是要談當你聽到這句話時如何應對；我要的是如何從一開始就避免這種反應。有一次，我在逛一間店的時候，有個銷售員對我說：「您在找什麼東西，還是只是看看？」這傢伙簡直是在夢遊，我甚至有打他一巴掌的衝動，讓他從夢中醒來。

建立人與人的關係，而不是銷售員與顧客的關係

　　人與人之間的關係，跟所謂的「服務員」的工作相反。想想你最近一次去某家店的情形。你能想起來你跟銷售員之間是哪種關係嗎？或者，做一下這個練習：寫下你常去的店

和你知道的銷售員的名字，你因為與他們有種特別的交情以及很好的服務，而一再去光顧那家店。

　　上述過程都是從開啟銷售的那一刻開始的。在開始的時候花上額外的幾秒鐘，你就能獲得一個不光是享受這個過程，而且可能打開錢包花更多錢的顧客。

開場白　定不要談及銷售

　　如果你以做生意的姿態迎接顧客，你會得到條件反射性的、拒絕性的回應，比如「我只是看看」或者類似的話。令人吃驚的是，大多數時候，顧客們甚至不知道他們在說什麼。這是一種條件反射，但是顧客知道自己在做這種反應。它要銷售員走開──謝謝你啦。

　　我敢肯定你會同意，迎上顧客並說「我能為您做些什麼」或「請問您有什麼需要」會更好一些。好吧，它確實會有點用，但事實上，10個顧客中只有3個知道自己到底想要什麼；或者，這種問法對於去麥當勞的顧客有用，但是對於一般店裡的大多數顧客肯定沒用，商店裡的許多顧客真的不需要你的商品。所以，創造一個開放式對話的第一法則是：

> 開場白一定不要談及銷售。

　　你必須完全理解第一句打招呼的話不能與銷售有關，否則就不用繼續讀這本書了。**你要是一開口就與銷售有關，就好像你的頭頂上有一個標語：「別相信我，我是個銷售員。」**如果說些不與銷售相關的開場白會更有效，那麼，許多人經常用到、提到的「銷售方法」就是無效的。

所有的銷售技巧都是無效的

　　我的哥哥給我打電話，告訴我他剛買了一個500美元的網球拍。我心想，他是瘋了嗎？我不喜歡打網球，而且我發現他跟我說的事有點蹊蹺——因為他網球打得並不好。我自己是喜歡潛水，我需要一個新面罩和新通氣管。當我走進運動用品店時，我很興奮就快要擁有一個新面罩了。不過，店的前面陳列的是什麼？——是網球拍。我停下來了，並且拿起了什麼？沒錯，就是一把價值500美元的網球拍。就是我哥哥買的那一款。我仔細地研究起球拍，看看裡面是不是有一個馬達，或者什麼置入式的裝置能夠幫我哥哥把球打得更好。一個銷售員馬上冒出來，並且走過來問我：「這是最新的款式。很漂亮對不對？我敢保證不管你現在球打得怎樣，

它都能幫你提高水準。」想知道那一刻我在想什麼嗎？「滾開！你這白癡，我根本不想買網球拍。」

有一名非常傑出的銷售員告訴我她第一次在賣場做銷售的情景。她剛從助理職位調到賣場，看到一名顧客走進來後，她心裡開始準備開口說第一句話。這名顧客在埋頭看商店前面陳列櫃裡的戒指。她走過去，開口說：「您好像對我們這些漂亮的戒指很感興趣。」那個人怎麼回答的？他說：「我是木匠，有人讓我來修這個櫃子。」

首先，僅僅根據顧客眼睛盯著什麼或停在哪裡，你不能斷定這個顧客想買什麼，或是他為什麼進來。其次，在你一天要待上很多時間的店裡，一個人進來了，你連「您好」都不說一聲就開始推銷，是很粗魯的。**所謂的推銷技巧是很懶惰的，它很可能毀掉而不是加強關係。**

當然，如果你只想賣給走進你店裡十之二三的顧客，你可以用這種方法，因為總有那麼兩三個人知道他們想要什麼，他們甚至不會讓你阻止他──無論你把事情搞得多糟。

總結起來，銷售中最糟糕的5句開場白如下：

（1）我能幫什麼忙？

（2）您在找什麼呢？

（3）您有什麼問題嗎？

（4）您對我們的店了解嗎？

（5）我們剛進了新貨，非常棒，對吧？

從前面關於顧客服務的章節，你知道讓顧客開口說話的重要性。因此，開啟銷售的第二條法則是：

開場白應該是鼓勵交流的提問。

在打破抗拒感的過程中，人與人的交流是最關鍵的因素，那些例行公事的話對你開啟銷售沒任何幫助。試著幽默一點，讓你的提問有意思，但千萬別忘了，第一句打招呼的話應該是一個提問。

大約15年前，有位女士推著嬰兒車走進店裡。你一定以為我會說：「多漂亮的小寶貝。」聽起來不錯？才不！這句話不是一個提問，也不會幫你消除顧客的抗拒感。我是這麼說的：「哦，多漂亮的小寶貝啊，你從哪兒拿的？」我想，你一定笑了吧？事實上，後來我一直用這個開場白，一直用到現在。它總能得到精彩的回應。

並不是說必須如此，但讓你的提問盡可能開放非常重要；不要拋出封閉式的，可以簡單地用「是」和「不是」回答的問題。努力用誰、什麼、哪裡、什麼時候、為什麼和怎

麼樣來提問。

以下是一個封閉式提問：

銷售員：現在商場裡人還會很多嗎？
顧客：不多。

一個開放式提問：

銷售員：現在商場裡的人潮怎麼樣？
顧客：哦，我下午來的時候，簡直像一個動物園，不過，現在人少一些了。

你有沒有想過，為什麼你問顧客「外面天氣怎麼樣」時，顧客會說「我只是看看」。原因很簡單，無趣的開場白不會使人產生交流的欲望。所以，開場白的第三個法則是：

> 開場白應該獨特、真誠、與眾不同，能夠勾起交流的欲望。

這是最難的部分，足以區分普通銷售員與銷售高手。走遍世界，我宣傳這個主張時遇到了困難。我希望我能說清楚這個定義。

人們如果不是把購物視為享受，就是視為一個巨大的痛

苦。走進店裡的人們都是這樣的。如果你能創造一種環境，讓你的顧客能享受購物，或是花上一大筆錢，豈不是很有意思？我相信你能夠掌控整個談話的走向。一切都取決於你。

如果與顧客進入對話的過程很容易的話，那每個人都能做得很好，就不需要學這些了。人們發現，很難與顧客進入對話。部分原因是他們不想投入時間來做好這件事；同時，銷售員忘了他們在工作之外是什麼樣子。如果你在生活中是一種人，在賣場是另一種人，你不可能成功。

第 2 條法則，我提到要用問題來鼓勵交流。第 3 條法則，是獨特、真誠、與眾不同。雖然這些都是非常棒的法則，但我不可能告訴你你要怎麼開場。**銷售裡的開場白，就如同你的指紋一樣獨一無二。**

我的開場白風格是幽默。在多年的演講生涯中，我經常談到在每一次交談中我是如何講笑話或讓人們發笑的。佛里曼集團的總裁瑪琳‧科德里（Marlene Cordry），跟隨我在零售領域工作多年。她的風格是：我會讓你喜歡，因為我看起來是如此可靠和沒有攻擊性，你們不忍心拒絕與我談話。每個人都不同，就像當一個歌手，你必須發展出適合自己的風格，讓你覺得舒服的風格。在本章的末尾，你將看到 42 種開場白。這些都是成功經驗。我之所以不敢保證它們有效，是因為只有你才能讓它們真正「活起來」。

開場白的祕密武器就是閒聊

開場白的祕密武器是閒聊。它是指瑣碎、隨意的談話。但不要認為它沒什麼重要性，它非常重要。要打破排斥感與顧客建立聯繫，最重要的就是閒聊。在本書剩下的部分裡，當我說到閒聊，我的意思就是要用到上面提到的開場白的三條法則（不談銷售、提問和獨一無二）。**不要忘了，當你閒聊的時候，你不會失敗。**

請不要跳過這一章，它非常重要。你和顧客開場對話的品質，會深深影響到你如何開始介紹產品。當然，如果開場不那麼好，在接下來的陳述中，你也不用擔心，因為顧客可能就走掉了，或者，你會發現你自己氣到抓狂（但願不會如此）。

開啟銷售既是口頭上的，也是身體上的

你有沒有過走近一個顧客，什麼都還沒說，就聽到顧客說「我只是看看」。然後你問自己：「我剛剛做了什麼嗎？」銷售員和顧客之間的互相排斥又一次得到驗證。

或者想像一下這樣的場景：你正忙於整理一件陳列品，店裡還有其他兩三個售貨員。顧客會找誰問話呢？當然是你。為什麼？因為你很忙，看起來不會急於成交或太有攻擊

性。顧客覺得他們可以打斷你，他們的問題會得到回答，而且不會受到「傷害」。

不要冒犯顧客所認為的私人空間 人們都需要一種購物的自由。你接近一個顧客可能會被認為是冒犯了他們的私人空間。當你走近顧客的時候，下列三件事中的一件可能會發生：

（1）顧客轉過臉以避免接觸。

（2）顧客在你開口之前，先給出了反應，比如「我只是看看」。

（3）顧客告訴你想要什麼，向你提問。

顧客面前的空間通常被認為是她自己的，因此任何接近那個空間的行為都會被認為是一種冒犯。你可以穿過去，同時打招呼，或者與顧客平行地走，然後打招呼。千萬不要擋在她正要去的方向上。當然，你可能認為我是胡說，但是在練習這個技巧之後，你會信奉這一點的。

180度的路過 當你接近顧客的時候，你手裡得拿著東西。這會給顧客一個印象：因為你手裡拿著東西，所以你不會把他推到牆邊，掏光他口袋裡的錢。**讓自己看起來很忙是開場白中的一個關鍵策略。**

180度的路過是我在開啟銷售時研發的最佳方法。它就

只是：走近顧客，說「您好」，路過他。然後，走出三四步，在一個安全的距離上轉身，臉上露出探詢的表情，說「我能問一個問題嗎？」之類的話，大多數時候，顧客會轉過來，向你靠近一點，說「當然可以」。當然，最大的問題是，你的問題是什麼？剩下的就是你自己的事情了。我沒法給你適合你風格的開場白，適合我的不一定適合你。對於那些不是那麼擅長創新或是實在想不出開場白的人來說，也不要絕望。在本章的末尾，我會告訴你可以偷學的42種開場白。

讓我們來復習一下

你發現一名顧客走進店裡。你手裡拿起一樣東西，朝他走去，與顧客平行地走。你的臉上有大大的笑容，你接近他，說「您好」。你再繼續走，要經過他，一邊等待他的回應。你轉過身說「我可以問您一個問題嗎？」，顧客回答「當然可以」。然後，你說，「看您手裡提了這麼多袋東西，有哪裡在特價嗎？好可惜我今天得待在這裡……」顧客通常會適度地回應。例如：

銷售員：看您手裡提了這麼多袋東西，有哪裡在特價嗎？好可惜我今天得待在這裡……

顧客：沒什麼啦，真的。我們正好要去參加一場聚會，必須準備一些禮物。

至此，一個重要的決定是繼續閒聊下去，還是談生意。你的猜測是正確的，繼續閒聊。多花30秒鐘與顧客閒聊的結果是，隨著你和顧客建立起某種關係，他臉上的痛苦、拒絕就會消失。

銷售員：一場聚會！聽起來很棒。如果那是為你而辦的就更好玩了吧？

讓談話繼續延伸下去

任何時候，如果你有機會與顧客保持非商業性的交談，請繼續下去。他們想這樣。這會讓他們感覺特別，並且有趣。人們喜歡別人因為私人緣故對他們感興趣。沒有人喜歡被視為一個數字或僅僅是一個顧客。

以下是關於如何繼續談話的範例：

銷售員：早上商場剛開門的時候，我就看到你了。您逛了多久了？

顧客：逛了一天了！我有親戚要從外地過來看我，我想把所有的東西都準備好。

　　銷售員：哦，親戚！有好多東西要準備吧？他們什麼時候來啊？（諸如此類的話）

　　銷售員：好大一盒餅乾啊！給誰買的？

　　顧客：我女兒在上大學，我要給她送些東西過去。

　　銷售員：太棒了！說起來，我最期待禮物用這種棕色紙包裝了。她唸什麼學校啊？（諸如此類的話）

　　銷售員：哦，看起來今天全家都來了。您們在忙什麼呢？

　　顧客：我們在大採購。我們剛買了新房子，準備要裝修呢。

　　銷售員：太棒了！買房一直是我的夢想。你們買在哪裡呢？（諸如此類的話）

　　銷售員：早安，您有時間去投票嗎？

　　顧客：沒有，一早我就一直在逛，我在找一些好看的耳環。上禮拜我剛把頭髮剪短，我的舊耳環戴著看起來很可笑。

　　銷售員：您剪頭髮了！看起來很棒。您怎麼想到剪這個髮型呢？（諸如此類的話）

進入銷售：轉換的過程

經過短時間的個人交流後，進入談生意的階段，並且可以開始試探了。我做過各式各樣的實驗和研究，但我一直使用同一個提問來轉換：「今天您怎麼想到來我們店的？」

這句話完美地進行了轉換工作。這個提問非常棒，因為它不僅允許開放性的答案，而且它足夠開放，能夠讓顧客放開心情。因為你想與顧客交流，讓他們跟你說話，像「您在找什麼東西嗎？」這樣的話，根本不會起作用。

假如在閒聊之後，你使用了轉換句「今天您怎麼想到來我們店的？」然後，你還是得到了拒絕的回應，比如說「我只是看看」，那現在怎麼辦呢？

顧客都很聰明，他們十分清楚如何讓店員放過他們，他們練習過很多次。迅速出聲拒絕，並且擺出一副臭臉，能讓任何店員走開。他們會說什麼？當然就是「我只是看看」。下面是5句最常用的：

（1）我只是看看。

（2）我只是隨便看看。

（3）我只是來看看這裡有什麼。

（4）我是來打發時間的。

（5）我老公（老婆）正在隔壁買東西呢。

話說到這個份上了，你確實需要檢視一下當下的情況。你經過他，你閒聊了，你使用了轉換提問，然後你還是得到這種反應。是的，這很正常。顧客自己可能也沒有意識到她說了這句話。這句話是面對銷售員的詢問時的盾牌，它非常有效，幾乎是一個本能的反應。有一次，瑪琳·科德里和我一起在一個購物中心巡店時，我們就是這麼說的。有一個店員走近瑪琳，瑪琳說：「現在是我的午休時間。」我問她為什麼這麼說，她問：「說什麼？」然後，她告訴我，當她在購物中心工作的時候，她就是使用這個藉口；它非常有效，她都用習慣了。

此時企圖挽回局面的銷售員可能會犯下另一個錯誤。為了對付顧客舉起的防禦盾牌，銷售員經常說出下面的話：

- 您有什麼問題隨時問我。
- 我叫哈利，樂於為您服務。

但在顧客聽來，這些話的意思是這樣的：

我叫哈利，是個**銷售員**。我在這兒等著呢，一旦你有問題可以找我這個**銷售員**——一個只想賣給你一些你不想要的東西的**銷售員**。

讓我們面對這種情況吧。顧客舉起防禦的盾牌，因為他們不喜歡銷售員。解決問題的方法不是用銷售員的身分提醒他，讓他們更討厭你，而是用以下的更好的辦法。

消解

消解是消除顧客的防衛盾牌的方法。這包括兩個部分：

（1）同意對方隨便看看也很好。

（2）對顧客防衛盾牌的迅速重複，用提問的形式重複。

如下是對付最常見的5種盾牌的消解之道。

轉換：今天您怎麼想到來我們店的？

盾牌：我就是看看。

同意：挺有意思的。

消解：那您在看什麼呢？

轉換：今天您怎麼想到來我們店的？

盾牌：我就是隨便逛一下。

同意：我也喜歡逛呢。

消解：您在找什麼呢？

轉換：今天您怎麼想到來我們店的？

盾牌：我就是來看看這裡有什麼。

同意：好啊，隨便看看吧。

消解：您喜歡什麼樣的東西呢？（給這個人一個大大的笑臉）

轉換：今天您怎麼想到來我們店的？

盾牌：我只是打發時間。

同意：我們都有一些時間需要打發。

消解：您在打發時間的時候，都看些什麼呢？

轉換：今天您怎麼想到來我們店的？

盾牌：我的老公正在隔壁買東西呢。

同意：那麼，您正好自己也可以買點東西。

消解：他在買東西，那您想找一點什麼呢？

你會驚喜地看到這些辦法多麼有效。在大多數情況下，你的顧客會變得開放，你可以繼續試探下去。然而，我必須提醒你，「今天您怎麼會想到來我們店」是一個打探的提問，在經過了閒聊和轉換的環節之後使用，會更有效。但如果你用它當作開場白，它就等於「我有什麼能幫忙的嗎」，這時候消解就不會有作用了。

如果在你閒聊和使用了消解語言之後，你第二次聽到了

「我只是看看」。此時，你只有兩件事可做。一是把這名潛在顧客轉交給另一名銷售員；二是，如果你還有心繼續，就使用「有趣的消解」。

轉交　事實上，有些顧客在意你的長相、說話方式、行為方式、膚色、身高、體重，或者你讓他想起了討厭的路易叔叔或愛麗絲阿姨。這些事情在你控制之外。如果你聽到第二遍「我只是看看」，你只需要說「好的」，然後走開。接著另找一個看起來與你風格不同的銷售員，讓他重新接近顧客吧。

有趣的消解　我討厭失去任何一次銷售機會，因此，我想了一些辦法專門用在當第二次聽到「我只是看看」的時候。

我問：「今天您怎麼想到來我們店的？」顧客回答：「我只是看看。」我消解道：「那太棒了！您看些什麼呢？」顧客說：「我只是看看。」然後，我把他帶到同時印著「我只是看看」和標上折扣價的商品前。我說：「多幸運啊，今天它有打折。」或者，有時候我乾脆把他們帶到一個印有「很高興今天是2021年某月某日，您可以合法地看看」的標語前。

另一個我最喜歡的「破冰」記憶是我在一家珠寶店工作的時候發生的。一位老婦人走進來，我迎了上去。你肯定見過像她一樣的老婦人。她有藍色的頭髮，頭上戴的帽子有動

物皮毛裝飾，而且動物的頭還留在上面。我估計她已經連續喝了兩三個星期了。我不知道開口應該說什麼。你會對她說什麼？我突然有了靈感。我直接走上去，問她：「現在您想做什麼呢？」她回答：「跳舞。」我一把抱住她，邊哼邊和她跳起了華爾滋。她是一個甜美可愛的老婦人，恰巧喜歡眾人矚目。我的下一個舉動能幫我擺脫與一個醉酒、藍髮老婦人的舞蹈。我問：「什麼東西能讓你變得比現在更漂亮呢？」「耳環！」她回答說。

　　我帶著她邁著探戈的舞步走向了陳列著最貴的耳環的櫃台，價格都在 500 美元以上。我把耳環從櫃台裡拿出來，請她戴上試試。「不，這是違反規定的，不能試戴穿耳的耳環。」她關切地說。事實上，這並不違反規定，從來沒有這條規定。銷售員太懶了，所以不願意讓顧客這麼做。事後需要做的，只不過是用酒精洗一下，以確保清潔。我本來可以這樣跟老婦人解釋一下，但是我想讓她變得更興奮，於是，我低聲跟她說：「我知道，但我們一起打破這個規定吧。」

　　最後，我賣給她一副價值 500 美元的耳環，她開心地離開。這個故事的結局是，她是坐著一輛旅遊大巴來的，而這輛車上有 50 多位跟她一樣藍髮、醉醺醺的女士。那一天是我們全年銷量最多的一天。

　　這個令人心動的辦法非常有趣，但我提醒你：如果你覺

得你做不到，就不要試，把這個顧客轉交給其他銷售員就行了。

一旦打開了顧客的話匣子

當人們覺得那個聽他說話的人是真的對他說的東西感興趣時，他會覺得更舒服。所以，讓顧客開口比起你去主導對話重要得多。

顧客跟你說得越多，就越覺得跟你相處很自在。這時，你是一個人，而不是一個銷售員。回憶一下你最近參加的派對，想想那些你第一次見到的人。那些你新認識的人裡面，你最喜歡的人通常是問你最多問題，看起來非常在意你說什麼的人。你的顧客也是一樣。

你的回應

在你進行回應的時候，有幾個訊號需要注意。

• 小孩

任何時候，如果顧客帶著孩子進來，顯然你有話題可說了。哪個父母不喜歡談自己的孩子呢？如果孩子表現得很好，或者孩子正在睡覺，不要僅僅說孩子多棒，而要問孩子多大了。

可以評論孩子說話說得多棒，他或她多麼能幹，或者父母所推嬰兒車的功能如何。

注意，不要去猜測孩子的性別，因為你有一半的機會猜錯。

・有個性的服裝

如果一名穿著某大學運動隊服的顧客進來，就問他是不是去過那個學校，那個學校的校園如何，他有沒有看昨晚的比賽，或是他覺得這支球隊今年如何。不要表達你對那個學校或是球隊的看法。就像我祖母說的「跟隨音樂跳舞」，要跟隨著顧客的「音樂」。

・車子

如果你恰好看到顧客開車來，不管他的車是新的、舊的、少見的還是昂貴的，有機會的話可以聊聊。我們對自己的車總有一些可以自豪的地方。不管是什麼車，顧客通常都願意聊上幾句。

・新聞

最近世界上有沒有發生什麼激動人心或異常動盪的事件？在開場白中，可以說說最近的大事、太空探索、來訪的外國政要，或者火山或地震之類的突發事件。聊時政的時候要注意，不要討論那些太有爭議性的事件。跟某些顧客聊市長或者別的什麼政治人物的醜聞，是有風險的。

• 度假

很多人在假期時有度假計畫，或是 3 天的旅遊，或是跟親人聚餐，或是待在家裡休息。如果假期來了，可以問一下顧客的度假計畫。如果假期剛結束，可以問一下她是怎麼度過的。

如果你毫無頭緒

很多情形下，人們走進店裡時，你並沒有如何跟他展開對話的具體方法。為了避免找不到開場白，可以準備一些具有廣泛性的通用話題。你預先準備的開場白越多越好。

你自己的100個話題

你必須坐下來，寫出100個你常用的開場白。為了預防你找不到開場白，我準備了如下42種開場白。沒人能夠替你準備你的開場白，你必須開發屬於你自己的。它們必須是你自己創造的，因為你在說別人的開場白時會不自然。

（1）我們想進一批新地毯，你最喜歡哪一種呢？

（2）（手裡拿著幾個小盒子路過）您好，能幫我一下嗎？能把最上面那個盒子往裡面推一點嗎？哦，要是有一個掉了，它們就會全掉下來。

（3）朋友，我最喜歡聽笑話了。你最喜歡哪一個笑話？

（4）我想帶我的老婆出去吃頓海鮮大餐。你有什麼推薦嗎？

（5）哇，你的女兒穿耳洞了，我的女兒跟她年齡差不多。穿耳洞會痛嗎？

（6）我看你穿著巡演夾克。昨天晚上的那個音樂會你去了嗎？

（7）我可以問一個問題嗎？你覺得在情人節女性是更喜歡巧克力，還是更喜歡花？

（8）我看到你剛從對面的美髮店走出來。你是用哪位髮型師？

（9）哦，今天外面真的很熱，你想喝點什麼嗎？

（10）你拎的袋子看起來很重，你逛的時候需要我幫你提嗎？

（11）我無意中聽到你和朋友在聊新電影，我也想看，那部電影怎麼樣？

（12）能幫個忙嗎？我媽媽想要一張她孩子正在努力工作的照片。你能到那邊幫我照一張相嗎？

（13）你有這個遊戲的升級版嗎？

（14）我注意到你的鞋子了，這鞋子穿起來舒服嗎？

（15）我剛買了一些新的著色書。你的寶貝們想試試嗎？

（16）你看我戴這頂帽子怎麼樣？

（17）今天我在計畫我的度假安排呢，你去過哪些好玩的地方呢？

（18）你的小寶貝嘴真甜，他就要上小學了吧？

（19）你的髮型真漂亮，是在哪兒剪的？

（20）今年高中籃球隊打得怎麼樣？

（21）我看你開的是本田車，你覺得這個品牌的車子如何？

（22）你有去看在中央大廳的表演嗎？

（23）今天的天氣預報錯了，真是令人很煩，對吧？

（24）哦，該報稅了。你是早就報完了，還是在最後一刻才把表單寄出？

（25）雙胞胎！雙倍的快樂，雙倍的辛苦！他們多大了？

（26）你昨天的假日怎麼過的？

（27）這一身真棒！你花了多久時間把這些金屬片縫上去的？

（28）你的麻花辮真好看，你花了多久時間編好的？

（29）一些小孩今天去麥當勞了。你家孩子也喜歡麥當勞嗎？我家的孩子很喜歡。

（30）沒想到這麼長的時間都沒下雨，你開始儲水了嗎？

（31）我看你穿著湖人隊的衣服。你覺得他們能進總決賽

嗎？

（32）我在店裡忙了一整天。關於太空旅行，有什麼新聞？

（33）這是一個三天的連假，外面交通狀況如何？

（34）好健康的小麥色膚色。你是生來就這樣嗎，還是你剛剛度完假？

（35）彩券已經累積到6,200萬美元了，你買了嗎？

（36）昨晚你有看葛萊美獎頒獎嗎？

（37）哦，嶄新的雪橇？你們打算去哪兒滑雪？

（38）你真是把書店搬到家裡了，你都買了什麼書？

（39）我可以問問你的看法嗎？顧客訂了這個款式，你覺得我們應不應該也進貨那種款式呢？

（40）啊，破皮了，你的手怎麼了？

（41）6個孩子，都是你的孩子嗎？

（42）我們進行了一次小討論。你覺得我們店裡什麼時候掛上節日裝飾比較好？

如何同時應對兩位顧客

當顧客比銷售員多時，怎麼辦？在許多零售場合，尤其在銷售那些小件、高單價的商品例如珠寶時，安全措施必須

考慮在內。在那種情形下，你不可能一個人應付兩位顧客。

設想，如果你在為顧客 A 服務的時候，顧客 B 進來了。你必須注意到顧客 B。如果你沒有注意到，他很可能在沒有任何人招呼的情況下離開。這代表潛在銷售機會的喪失，而且很沒有禮貌。不過，顧客 A 可以是你的同盟。

用口頭協議留住顧客

你怎樣才能為自己找藉口但又不激怒顧客 A 呢？用充分的愛和細心。你問顧客 A：「能幫我一個小忙嗎？」一般而言，對方的回答是：「可以。」

「我跟另一個顧客打招呼的時候，您能稍等一會兒嗎？我會馬上回來。可以嗎？」

你會聽到顧客 A 說：「好的。」在某種意義上，顧客 A 和你達成了一個他在原地不動的協定。

現在，你走向顧客 B 說：「您好，能幫我一個小忙嗎？」這個打招呼既是你的開場白，也是與顧客 B 訂了一個口頭的協議。他會用困惑的眼神看著你，並且想：「我不知道是不是要幫助他，我才剛進來呢。」難以置信的是，儘管如此，顧客總是會說「好」。

然後，你說：「你能稍等一會兒嗎？我招呼一下那邊那個顧客，然後過來為您服務。這樣可以嗎？」假如顧客 B 說

「好」（實際上經常如此），那麼他就與你達成了一個口頭協議，他不會離開，他會待在店裡，因為他答應過你。

可以理解，有的顧客會說「不，我馬上要走了」，或者「我先到隔壁去看看，一會兒再回來」，諸如此類的。但絕大多數會說「好」。

在試圖同時接待兩位顧客時，使用口頭協定會產生比一般做法好得多的效果。銷售員正在為顧客Ａ服務，顧客Ｂ進來了，銷售員轉頭對顧客Ｂ說：「我馬上過來。」然後，他就繼續和顧客Ａ說話，不久，他發現顧客Ｂ走了。

為了回顧，讓我們重溫一遍口頭協議的場景：

銷售員：我們需要您的銀行資訊，填在這兒。

顧客Ａ：我最討厭填這些表格了。

銷售員：嗯，我懂。（看到了顧客Ｂ）抱歉，我可以走開一分鐘嗎？我想告訴那位先生，我一會兒就去為他服務。可以嗎？

顧客Ａ：當然可以。

銷售員：謝謝。（走向顧客Ｂ）嗨，能幫個小忙嗎？這位女士馬上就要結束了，我一會兒就來為你服務。可以嗎？

顧客Ｂ：好的。

銷售員：謝謝你。（回到顧客Ａ）你把名字簽在這個地

方就行了。

下面是另一個場景：

顧客Ａ：我想我的妹妹一定會在她的派對上鋪上這塊桌布。

銷售員：從你描述的情況，我想一定會很棒。哦，對不起，我可以離開一下子嗎？（轉向Ｂ）您好，我這邊一結束就去為您服務。可以嗎？

顧客Ｂ：好的。

銷售員：謝謝您。（回到顧客Ａ）讓我在這張支票上抄下你的駕駛證號吧，然後您就可以去派對了。

口頭協議之所以有效，是因為你在用極謙恭的態度請求人們幫你一個小忙。我想你第一次使用這個辦法，就能取得非常好的效果。

帶顧客去結帳

開啟銷售可能是銷售過程中最重要的部分，它是接下來的談話能否發生的關鍵。透過有效的開場白，你能夠化解客戶的抗拒感，增強你提出探詢式問題的能力。問問自己，以前你在這方面做得如何，是不是對此有過思考。

　　你的開場白是不是夠自信、有趣、機智呢？你與客戶的關係是不是建立在正常的人與人交流的基礎上？無論是小孩還是成人，男人或女人，面對夫婦或是一群人，你的開場白是不是有效？如果你花時間記下75~100個開場白，並且勤加練習，你一定會比以前更有機會帶顧客去結帳。

要點回顧

- 為了有效地開啟銷售，要以一個出色的開場白開始，避免老套、陳腐的開場白，例如「有什麼我可以幫忙的嗎？」
- 真正「只是看看」的顧客的比例是非常小的，因此，永遠不要相信顧客「只是看看」。
- 傳統銷售流程包括跟顧客打招呼，向顧客介紹他們進店第一眼看到的商品，這在過去很棒，因為它允許銷售員立刻向顧客展示商品。今天，它已經過時、無效了。
- 你的目標是避免銷售員與顧客的銷售關係，並以發展人與人之間的關係取而代之，如此能夠獲得更好的回報。

- 有效開場白的兩大關鍵是：

  （1）打破顧客內心對銷售員的抗拒心理；

  （2）發展一種人與人之間的關係，而不是銷售員與顧客之間的銷售關係。

- 實際上，假如你自我介紹為銷售員，你是冒著從顧客那裡獲得負面反應的風險。一定要強制地要求自己，不要表現得那麼傳統。

- 有效的開場白與銷售無關，最好是拋出有創意的、不一樣的、機智的問題，這樣會鼓勵交流互動。

- 避免問可以簡單用「是」和「不」來回答的問題，因為在這種交流中建立關係的可能性極為渺茫。

- 如果你想要快速略過開場白，請慢下來，商品不會跑掉，顧客也不會。如今，銷售員問平庸的問題或快速開啟銷售的機會並不多，任何銷售員都在開發有效的開場白，為達成銷售做充足準備。

- 如果你使用恭維性的話語，要非常小心，因為有可能造成反效果。如果你誇獎某人的衣服，請確定這套衣服確實很特殊。

- 人們在與真正傾聽他們說話的人交流時，會覺得很舒服。至關重要的是讓顧客說話，而不是由你來主導談話。

- 盡力發掘各種線索讓你與顧客的談話是與個人有關，例如，關注顧客的孩子與車子，或是時事與假期。

- 沒人能教你開場白，你必須開發自己的開場白；它們必須屬於你，由你使用，因為你在使用別人的開場白時會不自然。你需要付出與學習業務知識相當的時間來準備開場白。

- 為了克服單刀直入而導致的顧客抗拒，應該使用態度更友善、威脅性更小的方法。假如顧客不想讓你走進她的私人空間，就要避免直接靠近，要用180度路過的方式接近。

- 顧客可能會找正在忙碌的銷售員，因為她覺得這樣沒有壓力，或者認為這樣她的問題能夠得到迅速的回答。因此，要看起來很忙。

- 從開場白轉向探詢最有效的方法是使用一個廣泛的提問，讓顧客告訴你他來店的真正原因，例如，「今天您怎麼想到要來我們的店？」

- 想知道一個顧客是不是真的只是看看，可以使用「消解」法。當顧客說「我只是看看」時，你可以說「好啊。您剛才在看什麼？」，這樣就消解了盾牌。

- 花點時間與顧客閒聊建立信任關係非常重要，只是單純地靠近顧客說「今天您怎麼會想到要來我們的

店」，這樣無法消除他的抗拒感。

- 如果你執行了所有的步驟，還是只得到一句「我只是看看」，請把顧客轉交給另外一位銷售員吧。可能別人能夠開啟這個顧客的銷售，這不是你的錯，還有其他的顧客呢。

- 使用口頭協議為兩個顧客服務。問顧客 A：「能幫一個小忙嗎？」對於這個問題的答案一般是「好」。「我跟那個顧客打個招呼，您能稍等一會兒嗎？我會馬上回來的。可以嗎？」你會聽到顧客 A 說：「好。」這樣顧客 A 就跟你達成了一個協議等在那兒。

- 開啟銷售是整個過程中最重要的部分，是接下來的銷售會不會發生的關鍵。經過有效的開場白，你可以減少阻力，增強你提出探詢式問題的能力。

- 如果你花點時間寫下 75~100 個開場白，並且多加練習，你帶著顧客去結帳的次數就會越來越多。

第三章

探詢

大部分的銷售員都能發現顧客想要什麼。探詢這個
動作，可以幫助你在第一時間找出顧客購買的真正
個人動機。

現在，你應該已經致力於開發自己的開場白，練得你可以自信、自如地面對顧客了。開場白是你再怎麼多練習也不為過的重要步驟，但它仍然無法保證你贏得最終的銷售，賺到你想要的佣金。

　　透過開場白，也許你知道了你的顧客想要什麼，但你還是不知道為什麼他想買那樣東西。是為了一個特殊的場合，還是送給一位很重要的員工，或他是要買給自己？銷售不只是確定顧客想要什麼，銷售比這複雜得多。

發現顧客最底層的購買動機

　　當你具有探詢和發現顧客為什麼想要特定商品的能力，

你就能大幅提高成交的機會。能夠準確地找到潛在銷售的根本原因，你就能在更短的時間內增加賣給顧客的機率。

　　為什麼探詢比起其他步驟讓銷售員更傷腦筋？為什麼探詢如此之難？雖然我們喜歡相信例外，但沒有兩個顧客是完全相同的。探查顧客之間的區別，精準地推薦適合的商品或替代品，是銷售員的本份工作。

　　假設有兩個顧客都想買新的大衣。顧客 A 可能在找一件昂貴的、適合晚宴場合的大衣，而顧客 B 可能在找不那麼貴、好穿、適合出門旅行的大衣。

　　兩個顧客都是在找同一樣東西——大衣；但是，很明顯，兩者的動機是不一樣的。如果你用同一套方式來對他們展示，會發生什麼事？也許你會流失掉一個顧客，甚至兩個。**每一天，在銷售這一行，由於不善於探詢動機而丟掉的銷售額成千上萬，銷售員浪費了大量的時間和精力。**

　　任何銷售員都會問：「您是在找大衣嗎？」然後把顧客帶到大衣的展架前，開始介紹。而專業的銷售員會去挖掘這位顧客買大衣的個人原因，在介紹的過程中，會讓顧客感覺他個人的需求被滿足了。

問問題的終極技巧

你對於顧客了解得越多,你就越能幫助他選擇商品,並且賣給他。你也更能夠推薦配件或附加商品,這樣就能增加你的銷售額,也能使你銀行裡的存款增加。

探詢不僅僅是問為什麼

弄清楚為什麼顧客想買不是探詢的唯一目的,探詢的另外兩個也很重要的目的是:

(1) 理解顧客的想法、需求和願望;
(2) 建立顧客對你的信任。

理解 同理心可以幫助你理解顧客的想法、需求、願望,甚至是希望、夢想、渴望。你需要有提出好問題和挖掘事實的能力。如果顧客對某個特殊的東西感到興奮,你需要利用這種情緒,將其轉化為銷售,或附加銷售。

如果你正在為一次豪華且令人心動的假期購物的話,你會不會希望有人聽你說?有時跟別人分享你的旅行計畫就能使你的快樂加倍。因此,你的目標就變成了傾聽、意會,盡可能地進入顧客的世界。人們都喜歡有人傾聽你,不是嗎?

信任 要讓顧客信任你也需要技巧和練習。建立信任是

一種很細膩的技巧，你無法透過快速宣講或拷問顧客來建立
信任。在探詢的過程中，你提問的問題多寡與建立信任之間
並沒有必然關係。

> 信任是從你提問時關切的語氣，和回答顧客問題時
> 熱情的支持而建立的。

你的顧客需要感覺到你真的對她感興趣，對她購物所要
達成的願望感興趣。假如她不信任你，那麼你想要賣東西給
她，就會很困難。相反地，如果你能夠和顧客發展出信任的
關係，她重視你的建議、購買你所推薦商品的機會就會高很
多，她的購物金額甚至會超出預算很多。

培養你的發問技巧

要探詢你的顧客的需要、要求和期望，得到盡可能多的
資訊以獲得信任，你需要培養適當的技巧。在這一章，我們
將會討論三個已經證實有效的方法來理解顧客的動機，讓他
們能信任作為銷售員的你。

- 開放式、挖掘事實的問題
- 問—答—讚（Question-Answer-Support, QAS）

• 邏輯順序法

開放式、挖掘事實的問題

想像一下，你發現店裡有兩位顧客正在看她們心儀的大衣。你或許知道這兩個顧客的不同之處，但你仍然沒有掌握足夠的細節。顧客 A 中意貂皮嗎？或者她也喜歡其他各類的皮毛？她喜歡長款的，還是喜歡稍短一些的呢？

顧客 B 更喜歡什麼類型的大衣呢？有帽子的？還是有許多口袋的，這樣她就可以裝下必要的戶外活動用品，例如手機、指南針、地圖等等？她喜歡什麼顏色的？她買大衣是在什麼氣候下穿呢？

你能夠找到這些問題的答案，甚至知道更多，假如你使用開放式的提問，這樣你的顧客就無法用「是」或「不」來簡單地回答。

英語給我們6個神奇的字眼和一個短句。它們是：

（1）誰（Who）

（2）什麼（What）

（3）哪裡（Where）

（4）為什麼（Why）

（5）什麼時候（When）

（6）如何（How）

（7）告訴我（Tell me）

　　與使用「封閉式問題」，如「您是不是……」、「您可不可以……」相比，當你使用上述6個詞之一提問，或者用「告訴我」來開頭，你會得到包含了大量額外有用資訊的更完整的回答。

　　我不知道為什麼會這樣，但是當銷售員進了賣場，他們就是喜歡去猜測顧客想要什麼，或是給顧客建議，而不是去提一些廣泛的、開放式的問題。

封閉式問題	開放式問題
你想要正式一點的還是休閒的衣服？	你喜歡什麼風格的衣服？
你喜歡藍色還是黃色？	你喜歡什麼顏色？
你確定你喜歡這個品牌嗎？	你為什麼選擇這個品牌？
你想要一個有遙控功能的嗎？	什麼功能對你來說是最重要的？
是送人的，還是給自己買的？	你是買來送給誰的？
是為特殊場合購買的嗎？	那是一個什麼樣的特別場合呢？
你喜歡有領的還是沒領的？	你喜歡什麼樣的領子呢？
你喜歡上面有線條嗎？	你更喜歡什麼樣的線條？
你喜歡長大衣嗎？	你喜歡多長的呢？
你在找什麼特別的東西嗎？	你在找什麼？

　　問題的關鍵在於，使用封閉式提問，你得不到有價值的、為什麼顧客會購買的額外資訊。取而代之的是，你僅僅得到了她想要什麼的資訊。

　　這裡向你提出一個有趣的問題。你在選購一輛新車時，最重要的事情是什麼？請先停止閱讀，花點時間想想。當我在研討會上提出這個問題的時候，我得到的答案五花八門：

- 顏色
- 實惠
- 轉手的價值
- 安全性
- 速度
- 時尚
- 舒適性

　　這些回答呈現了人們買車的個性化原因。有沒有可能所有回答問題的人在尋找同一輛車？答案是有可能。問題在於，當顧客關注顏色的時候，你要讓速度成為一個賣點；當顧客只注意到油耗的時候，你要讓舒適性成為賣點。**一個好的提問者會想知道為什麼顧客喜歡某一商品，為什麼來你這裡購買。**特別重要的一點是，你要把你個人喜歡或不喜歡某件商品的原因排除在外。畢竟，你是來為顧客服務的，並不

是在一個論壇上發表你的個人意見。

　　就像醫生在開處方前要問診，記者在寫文章前要提問一樣，專業的銷售員必須有他們自己的提問方法來打開銷售。不像開場白有幾百幾千種，好的探詢問題方式是有限的。你可以反覆使用它們。這些提問方式非常實用，你不用費力去記就能使用它們。在賣場銷售的節奏非常快，你可能連思考下一個問題的時間都沒有。

　　下面是一些我找到的最好的探詢的提問，把它們記住。我盡可能列出更多的問題，但你們還是要在這份清單上加入你們自己的問題。事實上，你不管面對什麼顧客都會用到其中的某一句。

探詢的話術

誰

- 這是幫誰買的呢？
- 主要是誰要用的？
- 誰會幫你做這個決定？
- 是誰會收到這份禮物？
- 你認識的人中，誰也有這個？
- 誰告訴你我們店的？

- 以後誰會維護它？

- 誰最想擁有它？

- 還有誰會出席？

- 你最喜歡哪個品牌？

- 你的購物清單上還要幫誰買東西？

什麼

- 今天是什麼吸引你來我們店的？

- 特別的機緣是什麼？

- 你已經有的是什麼款式？（接下來問）這次你想要什
  麼？

- 什麼功能對你來說很重要？

- 你之前看過的那個你很喜歡的款式是什麼？

- 買了這個床墊，你還想配些什麼？

- 你更喜歡什麼顏色？

- 你更喜歡什麼風格？

- 你希望它給你帶來什麼？

- 對於尺寸，你有什麼要求？

- 你會把它放在哪個房間？

- 你想達到的視覺效果是什麼？

- 你是做什麼工作的？

- 在使用數位相機上，你有哪些經驗？
- 你覺得你先生最喜歡的是什麼？

哪裡

- 你在哪裡看到同樣的東西？
- 它會被用在哪裡？
- 你會到哪裡旅行？
- 你住在哪裡（或你是哪裡人）？
- 這個特殊事件會發生在哪裡？

什麼時候

- 這場晚會什麼時候開始？
- 你是什麼時候看過那個你很喜歡的款式？
- 是什麼時候，你決定自己也要買一個？
- 你今天已經逛了多久了？
- 你什麼時候想要拿到商品？
- 上一次你買燈是什麼時候？
- 你什麼時候會用得最多？
- 你想什麼時候開始用它？
- 上次你有機會用它是什麼時候？

如何

- 你是如何知道我們的？
- 你花了多少時間才找到這個？
- 你想要你的新沙發是什麼樣子的？
- 你經常買潛水裝備嗎？
- 你多久會添購一次新衣服？
- 在這種情況下，你如何決定？
- 你會多久使用一次？
- 你幾天會更換一次工作服？
- 有幾個人會用它？
- 你將如何展示它？

跟我說說

- 跟我說說你的丈夫（妻子、孩子等）。
- 跟我說說你的重新裝修計畫（旅遊計畫等）。
- 跟我說說你過去所遇到的問題或你所關心的東西。
- 再多說說關於……。

為什麼

- 為什麼你喜歡羊毛的，而不是純棉的？
- 為什麼你想要一個藍色的？
- 為什麼你重視耐久性？

• 為什麼你喜歡這個型號或品牌？

如何使用「跟我說說」

「跟我說說」是誘導顧客告訴你他的購買動機的重要話術。例如你可以說，「跟我說說你的房子」。當然，如果你是銷售休閒傢俱的，有一個好處就是，你可以知道顧客家的陽台有多大，你就能知道傢俱的尺寸合不合適。但更重要的是，你從顧客得到的這些額外資訊會讓你有機會擴大銷量，或是讓你的介紹能夠更精確詳細。比如說，你可能發現他是想為他的陽台增添傢俱，那麼除了基本的桌椅之外，配上幾張躺椅會很不錯，或者你發現他們還需要一組豪華的烤肉設備或是Spa設備。這些可能性都值得去挖掘。

如何使用「為什麼」

我把「為什麼」放在這個列表的最後。我碰到的大多數培訓師都不喜歡用「為什麼」。他們可能覺得問「為什麼」過於私人，或是有點太急於成交了，但沒有什麼比真相更重要。問「為什麼」可以澄清和校正。如果顧客來到一家鞋店，想買底很薄的鞋子，假如我不問她為什麼喜歡這種薄底鞋的話，我沒法為她提供最好的服務。也許顧客會回答：「我整天站著，我感覺穿薄底的鞋子會更舒服。」透過問「為

什麼」，我會幫顧客釐清想法，我也能為她提供更好的服務。你可以軟化你的提問，例如在問題之前加上「你知道，我很好奇……」，然後接著問「為什麼」。當你很真誠地提問時，顧客不會覺得你急於推銷。

從不問顧客準備花「多少錢」

你是否曾經進去一家店，喜歡上了某件商品，然後花了比你原本計畫更多的錢？我曾經有過。事實上，我特別去研究了這件事。如果你也有過這種經驗，你的顧客可能也有。**你的工作是創造顧客的需求，賣給他他真正想要的東西，而不是問顧客想花多少錢。**

舉例來說，如果你問顧客想花多少錢，他說 500 美元。然而，如果你問都沒問就給顧客展示價值 1,000 美元的東西呢？他是不是可能說，他能接受的最高價格是 750 美元，再多就不要了？這樣，你就能多創造 50% 的銷售額了，比你問到的回答更高。如果你真的問了，就會限制了結果。如果你問了，他說 500 美元，而你卻給他介紹 1,000 美元的商品，你就會顯得太積極。如果你用了科學方法來研究它，你會發現重力法則顯示，下降比上升容易得多。**真相是，最後顧客的口袋越空，你的口袋就越滿。**

謹慎選擇你的用語

你從第一章中知道，銷售員要像一個畫家，善於使用優美和清晰的詞語表達想法。你的說話方式要介於詩人和卡車司機之間。小心地選擇話語，會讓你與眾不同。例如，**在探詢階段，絕對不要使用「買」或「需要」這類的字眼。用「看」來代替「買」，用「想」來代替「需要」**。例如，不說「您想買一套沙發，你找了多久？」而說「你們逛了多久時間看沙發？」；不說「您什麼時候需要它？」而說「您什麼時候想開始用新的沙發？」。你的用詞選擇能夠軟化你的提問，會鼓勵顧客表達更多意見。

永遠做好充分準備

我總覺得探詢就像打高爾夫球。根據職業高爾夫球協會的規則，你的球袋裡只能帶14支球桿，15或16支都不行，最多就是14支。職業高球選手們在球場上，為了一次擊球，帶著全部14支球桿的情形有多少？當然是100%。職業選手會讓自己陷入不能用最合適的球桿打球的窘境嗎？當然不會。同樣的，專業的銷售員永遠不會沒有準備好所有的探詢問題就進入賣場。探詢問題之於銷售員，就如同球桿之於高爾夫球選手。

建立信任的方法

許多心理學家和大思想家都提出了理論說明人們會有一種動力去購物，從馬斯洛、赫茲伯格（Hertzberg）到研究人的左右腦的那些理論家。

我想這些理論對於如何進行人際交流和賣出商品都具有價值。但是，因為零售業變化極快，因為絕大多數顧客天生的抗拒心理，我堅信我們必須堅守人們之所以購買的一些簡單理由。這些理由有兩點：**信任和價值**。顧客必須信任你和你的店，必須看到商品的價值。如果價值和信任建立了，銷售就水到渠成。關於價值，我們會在下一章展示商品的章節進行深入討論，現在，讓我們看看如何與顧客建立信任關係。

人們需要被傾聽、被注意。證明這一點最簡單的方法是，看看小孩子拉著大人的褲子，他們或哭或喊或啜泣著不停地提出問題。這時，父母們吼回去「等一下」、「安靜」、「現在不行」。孩子們就只是想被注意。如果父母盯著孩子的眼睛說「你想要什麼？」，然後從孩子那裡得到答案，逐一處理他們的問題，孩子馬上就會回復正常，即使孩子的需求沒有立刻得到滿足。大人也是一樣。

在1980年代初期，那時我在客戶的一家珠寶店工作，聽

到一位銷售員在接待顧客。我所聽到的內容永遠地改變了我的銷售教學。下面是部分對話。

閒談了一會兒後，銷售員開始提問。

銷售員：您今天怎麼會想到我們店裡來？

顧客：我上週去了夏威夷，看到了我所見過最美的一條項鍊。

銷售員：那條項鍊是什麼樣子的？

顧客：那是……

這個對話看起來簡單而合邏輯。聽完後，我覺得我與他不同，我可以在銷售上打敗那個銷售員及其他的銷售員。他錯在哪裡呢？

第一，如果顧客不是因為上禮拜去了夏威夷而自豪，她怎麼會提到夏威夷？顧客仍然處在旅行的高漲情緒中，還想跟她所遇到的人分享她的所見所聞。銷售員選擇了不聽，或是覺得那些不重要。

第二，對於顧客主動提到的資訊，銷售員沒有給予支持或注意。如果顧客不想聊夏威夷，她也許會說「我上週看到一條項鍊，我想看看這裡有沒有類似的」。我們來看看這個對話可以如何改變：

　　銷售員：您今天怎麼會想到我們店裡來？

　　顧客：我上週去了夏威夷，看到了我所見過最美的一條項鍊。

　　銷售員：夏威夷？那兒很漂亮啊。那條項鍊是什麼樣子的？

　　在這個例子中，你看到了對於夏威夷的回應，建立起一個更私人的對話。在第2章，我談過「延伸」。這是對話過程中非常重要的一部分。讓我們來看看銷售員該如何從這裡延伸。

　　銷售員：夏威夷？哦！你去了哪個島？

　　顧客：毛伊島。

　　銷售員：我好羨慕啊。你在那兒待了幾天？

　　顧客：兩個星期。

　　銷售員：你太幸運了！跟我說說毛伊島吧，我一直很想去呢。

　　她會繼續細緻地講述毛伊島這個主題，甚至會給你跳一段草裙舞。這幾秒或幾分鐘，都構成了你的銷售過程的一部分。事實上，如果你花了必要的時間去探詢和延伸，你的整個銷售過程可以省下一半時間。如果你跟顧客沒有良好的關

係，或沒有搞清楚顧客想要什麼、為什麼，那麼你將會在演示（demonstration）階段，或處理顧客的異議上，浪費更多的時間。現在，讓我問你一個問題。與第一個迅速介入銷售的對話相比，你是不是覺得第二個對話創造了更貼心、更具參與性的關係？

繼續保持你的靈感，繼續這個遊戲。按照下面的步驟：

想像一個你最親密的朋友，你真正在意的朋友。他恰巧單身，目前他沒有任何的約會對象。

你在你家裡，突然有人敲門。你打開門看到了你的朋友。當然，你會邀請他進來。然後你說：「怎麼了？」你的朋友回答：「昨晚我私奔了。」

如果你真想體會其中的樂趣，你可以跟一個朋友模擬一下這個情境。如果你嘗試了，可能會發生如下的情景：

你：你昨晚私奔了？你瘋了嗎？

朋友：也許吧，但我就是這麼做了。

你：對方是誰？

朋友：我跟她是在昨天下午的一個聚會上認識的，然後我們就愛上彼此了。

你：哦，你在開玩笑嗎？她叫什麼名字？

朋友：珍妮。

你：哦，我真是不敢相信！你們要去哪裡結婚？

這個故事的寓意是什麼？如果你注意到了，所有的問題都是開放性的，對方回答之後，有一個支持性的回應。在實際生活中，想知道某事的人都會這麼說話。當你踏入賣場時，怎麼就忘了這些呢？給予好奇、關注，看看你的顧客怎麼回應。

問答讚

產生支援和延伸效果的技巧是「QAS」（問答讚）。它代表向顧客提問，得到回答，然後你表示贊同。除此之外我想不出別的方式來建立和增強與顧客之間的信任關係。讓我們看看有「問答讚」和沒有「問答讚」的例子。然後，你來選擇。

沒有「問答讚」的對話

問題：您今天怎麼來了？

回答：我想給兒子買一個禮物。

問題：這個禮物是用在什麼場合？

回答：他的16歲生日。

問題：他什麼時候過生日？

114

回答：下週二。

問題：你想為他準備什麼呢？

回答：我想直接問他想要怎麼過。

問題：那他打算怎麼過呢？

回答：他想和朋友們去那個新舞廳，不賣酒的那個。

問題：你有注意到他喜歡什麼嗎？

回答：嗯，他喜歡打遊戲，所以我想給他買一個新遊戲機。我看到遊戲機的廣告了。

問題：他最喜歡哪一類的遊戲？

回答：他喜歡快速動作類的。我喜歡策略遊戲，但他沒有耐性。

有「問答讚」的對話

問題：您今天怎麼來了？

回答：我想給兒子買一個禮物。

讚：哇，那很棒。

問題：這個禮物是用於什麼場合？

回答：他的16歲生日。

讚：哦，小孩都16歲了，這是個非常重要的生日，可以跟女生交往、考駕照和打工了。

問題：他什麼時候過生日呢？

回答：下週二。

讚：下週二，那就快到了。

問題：你想為他準備什麼呢？

回答：我想直接問他想要怎麼過。

讚：哦，都不在家裡過生日了啊？

問題：那他打算怎麼過呢？

回答：他想和朋友們去那個新舞廳，不賣酒的那個。

讚：我聽說過那個舞廳，有一個孩子們可以去、你還不用擔心的地方真棒。

問題：你注意過他喜歡什麼嗎？

回答：嗯，他喜歡打遊戲，所以我想給他買一個新遊戲機。我看到遊戲機的廣告了。

讚：對啊，現在不管什麼年齡都喜歡打遊戲。

問題：他最喜歡哪一類的遊戲？

回答：他喜歡快速動作類的。我喜歡策略遊戲，但他沒有耐性。

讚：我知道，哦，年紀越大，我的反應也越慢了。

探詢的邏輯順序

你準備了很好的探詢問題，也知道如何對顧客的回應給

予支持。現在,問題來了:「我該先問哪個問題?」就像打高爾夫,你總不會用發球的木桿來打推桿,或是用一支推桿來發球吧。這種次序可以稱作邏輯順序(logical sequence)。你看看漏斗,頭部的開口大,底部越來越小。探詢就像漏斗一樣,開始時你可以問一些廣泛的問題,然後是特定的問題。

應該要這樣提問:先確定顧客想要什麼,然後顧客為什麼想要。接著,再找出顧客具體想要哪一款,同時也需要問顧客對於商品的了解,以及他們是否在別的店也買過相同的款式。這三四個問題不只能讓你得到答案,而且給你後來的介紹提供了一個清晰的方向。這種方式,我覺得有點像拳擊。當對手移動到這邊,你也移動到這邊。當他晃到那邊,你也到那邊。這不是思考的問題,而是反應的問題。因此,你的角色扮演非常重要。專業人士都會事先練習再練習。

閒談之後,第一個探詢問題經常是「今天怎麼會到我們的店裡來」,然後呢?

問:今天怎麼會到我們的店裡來?

答:我想給我先生買一個禮物。

讚:您真的很貼心呀。挑禮物是很有趣的事啊。

下一個問題呢?

當你的大腦在搜尋你的探詢問題庫時，下一個問題只有一個是合邏輯的。

問：您的禮物是用於什麼場合？

原因是場合越重要，禮物就越重要。當你可能賣出300美元貨品的時候，你不會只想賣100美元的貨，對吧？另外，即使這個禮物不是給別人的，是為自己而買的，問這個問題也會讓她聯想到一個場景，然後她可能會花更多的錢。

繼續下去：

問：您的禮物用於什麼場合？

答：是我們結婚25週年的紀念日。

讚：恭喜！多了不起的成就！我很少遇到有人結婚這麼久還買禮物的。

下一個問題是什麼？

下一個問題最好是，「您的結婚25週年紀念日是什麼時候？」，時間在銷售中是一個很重要的因素。時間越短，越可能賣出貴重的禮物。如果顧客沒有更多的購物計畫，或者你妥善地解決了他的問題，人們會願意花更多的錢。

問：您的結婚25週年紀念日是什麼時候？

答：這個週六。

讚：哦，那就快到了。

「哦，那就快到了」應該作為任何時間少於一年的事件的支持性回答。「具體來說是什麼時候？」「兩週後。」「哇，那沒有多少時間了。」這種支持性的回答可說是對今天不做決定的某種懲罰。任何能促使顧客早做決定的事情都是我喜歡做的。

繼續下去：

讚：哦，那就快到了。

下一個問題是什麼？

現在，你知道了是什麼事件，在什麼時間發生。下一件你要確認的事情就是顧客是否已經逛過（買了）什麼東西。因此，下一個合乎邏輯的問題是：

問：您之前有沒有看到什麼特別喜歡的東西呢？

你的顧客將會給你下面兩個回答中的一個：

（1）我在這條街上看過_____。

（2）還沒有（或者是我才開始逛）。

對於第 1 種回答，我的問題是，這個顧客為什麼沒有在別的店購買？我會問這個問題，是的，我會立刻問：「那為什麼您沒有買呢？」只要你帶著關切的口吻，它就不會顯得很有攻擊性。但我想知道為什麼顧客沒有在那家店購買，我不想這種情況發生在我的身上。這非常重要。對於第 2 種回答，你繼續探詢過程，可以問：「你覺得你老公會喜歡什麼呢？」

即使你是賣地毯、或可攜式 Spa 設備，或是其他不太常見的行業，我也是按照這個邏輯來行動的。圖 3.1 就是邏輯順序的示意圖。

當你問了轉換的問題：「您今天怎麼會想到來我們店裡？」，而你還在開啟銷售的階段，那麼你應該問這些特定的探詢式問題，依照順序來問。

繼續探詢，利用本章提過的問題，並可以用更特定的問題來縮小範圍。你要找出你的顧客想要什麼、為什麼想要它、接著是確定顧客想要哪一款。探詢時記得使用「問答讚」方式，有助於建立顧客的信任感。

讓顧客轉買別種商品

你有時會遇到一種情況：顧客想買一個特殊的品牌是你

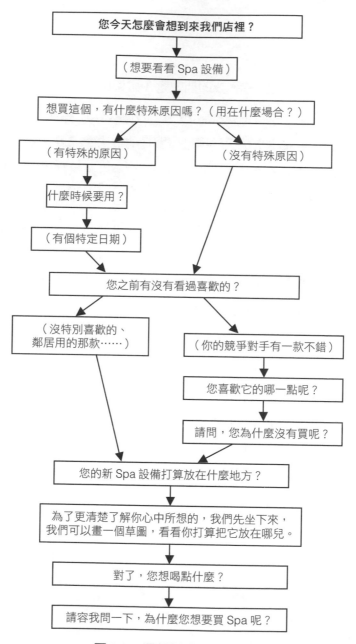

圖3.1　邏輯順序的示意圖

們沒有進的，或某個品項正在缺貨中，或是某個款式你沒有顧客要的尺寸。但是，沒有一家零售商能做到在任何時刻都維持任何款式、任何尺寸的庫存。當顧客要的品項你沒有，你能否讓顧客轉而購買你現有的品項，是值得你好好磨鍊的最重要技巧之一。事實上，如果你做的只是拿顧客指定的產品給他看，那麼就不需要銷售員了。如果真是這樣，你應該是在雜貨店工作吧？想想看，應該沒有一個雜貨店的顧客會向庫存人員說，有沒有更大的豌豆或更橘色一點的紅蘿蔔吧！通常，一家店需要銷售人員的唯一理由是，店裡有些商品是並非人人都想要的。

尤其是在探詢的階段，最容易引入替代方案。你成功賣給顧客的替代方案，甚至可能是顧客「真正想要」的東西。

但不幸的是，有些顧客你永遠無法讓他們轉買其他東西，你無計可施。有一次我的姪女打電話給我，她知道我有許多賣鞋子的客戶，她問我能否幫她找一款特殊的銳跑（Reebok）運動鞋，這款鞋因為太受歡迎而缺貨中。實情是：她16歲，人氣很旺，她的400個好友都有這雙特殊的運動鞋。有人想要試試勸她轉買其他款式嗎？那應該比爬聖母峰更困難吧？

然而，有的人說他們想要銳跑，是因為聽說這個品牌不錯，但他們不太在意款式。這種人比較容易改變。當一個顧

客說他想要某個你沒有的特定品牌，可以問他：「哪一型的？（什麼樣子的？）」你可以分辨出這個顧客是否找過其他的店，或是在找一個最好的價格，或他對於其他的品牌也能接受。從這個角度來說，這是一個非常好的問題，即使你真的有銷售顧客所問的某個昂貴品牌。

　　在你不代表某個品牌的場景中，為了成功讓顧客改變並且不讓對方察覺被推銷，你可以遵循以下步驟：

　　1.在弄清楚顧客想要什麼之後，問他為什麼要這個特定的款型。 記住，如果他提到一個你不代理的品牌或商品，就問他想要的款式和風格。要知道對這個問題的回答是能否轉變的關鍵。顧客回答你的問題之後，你必須給出一個支持性的回應以向顧客表明你在聽，你有用心。記住，支持可以創造信任。例如：

　　顧客：你們這裡有 Panasonic 的隨身聽嗎？
　　銷售員：這個牌子很棒。哪一款啊？
　　顧客：我不知道啊，聽說那個非常好。

　　或者

　　顧客：你們這裡有 Panasonic 的隨身聽嗎？
　　銷售員：這個牌子很棒。哪一款啊？

顧客：型號是2501。

2.這時徵得顧客的同意之後，介紹另一個選擇。這能傳達一種幫助、關注顧客的感受，而非僅僅是推銷（「我想賣給你別的東西」）。在你徵求他許可的時候，你會想解釋為什麼你沒有那個商品，為什麼你覺得顧客可能會喜歡你的替代品。我喜歡把問題稍微推給採購人員：

你知道，我們的採購人員每年在全世界採購，以便為我們的顧客選擇最具價值的商品。可惜，他們今年沒有選這個品牌（或這款）。不過，如果您喜歡這個品牌，我知道有另外一款你絕對會喜歡的。我可以拿出來給您看看嗎？

如果顧客同意看一看替代品，請一定要指出它如何能同樣地有益於顧客（即使它沒有優於顧客想要的那款）。換句話說，要把你的產品介紹跟顧客喜歡那個商品的「原因」連結起來。

如果你的顧客拒絕你給他一個類似的商品，你可能處於一個困難的情況。你冒著一種潛在風險，試圖想改變一個不願意改變的顧客。但你不努力去賣給他，會讓你更難過。此刻你和顧客已建立的關係，是如何繼續下去的最好線索。

下面這個例子顯示，如何使用這些步驟禮貌又有效地讓

顧客轉向另一個替代品。

場景A：某顧客進門之後直接走向銷售員。他立刻詢問這家店沒有的一個品牌。

銷售員：您為什麼選擇這個品牌的電視呢？

顧客：我的朋友推薦的。他特別喜歡它的畫質。

銷售員：是的，確實很棒。你知道，我們的採購人員有機會選擇世界上任何一個電視機品牌，但今年他們沒有選到這個品牌。您是想要畫質很好的，我們有另一個品牌，跟這個非常相似，也許它有一些您特別喜歡的功能。我可以給您看看嗎？

場景B：某顧客進來，想要買店裡已經斷貨而且無法特別訂製的某款水晶。她找不到，問銷售員那個商品擺在哪裡。

銷售員：看來你曾經看過它。您為什麼喜歡那個水晶呢？

顧客：我喜歡它簡潔、現代的外表。

銷售員：嗯，它們設計得非常棒。可惜，我們的採購人員選擇不再進那個系列的貨了。不過您可能會很高興他們進了另一個同樣具有現代感的系列，您可能會喜歡；也許不比

原來的更好，但我可以拿給您看看嗎？

場景C：某顧客找到一件他喜歡的襯衫，想試穿看看。你發現他要的那個尺寸沒貨了。你有一個可能的替代品，你希望在他去別的店購買或是你幫他調貨之前達成銷售。

銷售員：這件襯衫很棒，對吧。不過很抱歉，我們沒有您要的尺寸。可以問您一個問題嗎？

顧客：好。

銷售員：這件襯衫是哪一點吸引你？

顧客：這個顏色看起來很合我的膚色。

銷售員：確實很適合你啊，這是基本色。我們另有兩款與這個顏色非常接近，您可能會喜歡的。要我拿給您看看嗎？

居家裝飾的銷售員的一個好點子

在閒談和轉換的問題（「今天怎麼想到要來我們的店」）之後，應該接著詢問邏輯順序裡的那幾個問題。然而，關鍵是在那些問題之後。

請你的顧客坐下。如果你能讓顧客坐在桌邊，給他準備一些白紙，讓他畫出他家裡的結構圖、房間、院子，你不只

會得到你所探詢問題的答案,還會知道他對於未來的期望和夢想。我們這裡談的,是一大筆銷售。在一個舒適的環境中去展現你對這些問題有多關注,將會使你的顧客感覺特別而且放鬆,讓他更放開來去說。記住,當顧客坐下之後,利用每個機會去「延伸」,並且建立更友善的關係。

總之,我想你會發現探詢是所有銷售中最活潑的一步。它不僅會幫你省時間,還會給你帶來額外的資訊去達成銷售。

要點回顧

- 每個人都能發現顧客要什麼,但專業的銷售員知道為什麼。知道顧客為什麼購買能為你提供彈藥,幫助你在後面達成銷售。
- 在確定為什麼的時候,花時間誠心誠意去理解顧客的所需、所要和所想。這時你要盡量從最少的提問獲得最多的資訊,讓你知道如何選擇適當的產品來介紹。
- 沒有兩個顧客是完全一樣的。作為一個銷售員,你的工作是發現你所服務顧客之間的差異,並且巧妙地建議符合各個不同顧客所需的合適商品。

- 你了解顧客越多，就越有能力幫助她選擇商品，達成交易。也就更能促成附屬品或附加商品的銷售，以增加銷售額，獲得更多的佣金。

- 努力與每一個走進店裡的顧客建立起信任關係，這不僅能極大化你的銷售潛力，還可能發展出一群忠誠的顧客，他們會時不時地回來尋求你的建議。

- 獲得顧客的信任也需要付諸實踐。一遍又一遍地「拷問」顧客，不可能獲得信任，這個跟你問多少個探詢問題無關。信任是基於你提問的語氣和你對於顧客的熱情。

- 為了避免猜測，問顧客開放式的問題，例如以「誰、什麼、為什麼、哪裡、什麼時候、如何」為主軸來提問。

- 如果環境適當的話，請顧客坐下來談。你越是讓顧客覺得舒服和放鬆，你跟顧客的內在需求、需要和欲望就越近。

- 繼續使用你準備的開放式問題，但不要用太多問題去轟炸顧客。你並不想讓他們混亂而妨礙到銷售。

- 當你有效地使用開放式問題，你就能幫助顧客釐清他們所想要的，也讓你能幫助他們購買正好適合他們的商品。

- 在你口袋裡準備一些在任何情形下都能使用的開放式問題。重要的不是你能提多少個問題，而是這些問題是否有效。

- 在顧客準備好之前，不要縮小顧客的選擇範圍。避免使用「二選一」的問題，不要問顧客的預算有多少。

- 使用QAS方式來建立與顧客的信任關係。

  探詢式問題（Q）＋顧客回答（A）＋支持性回應（S）＝信任

- 你可能不想成為你所有顧客的親密好友，但讓每一位顧客信任你很重要，要讓他們感覺你知道他們在說什麼。

- 不要害怕「高教育程度」的顧客。努力與顧客建立足夠的信任，他們就會要你幫助他們完成購買。

- 探詢問題最好的問法是按邏輯順序來，否則，你和你的顧客都混亂，你就達不成你的目的了。

- 你能決定顧客是花一小筆，還是一大筆錢，前提是知道他為什麼購買。如果顧客最近會有一個特殊事件，你也許可以從高價的商品開始推薦。

- 如果顧客很清楚她想要什麼，就縮短探詢過程。

- 因為每個來店的顧客不同，你要依照探詢的結果分別

對待每個顧客，直到你的腦海裡有一幅清晰的圖像，說明店裡的商品可以與顧客的所需配對成功。

- 下一次，如果你斷貨了，在你的腦袋裡要有意地促成顧客轉買替代品。可以稍微怪罪一下採購部門，但你需要有顧客的信任，也需要夠靈光去找到一樣好，甚至更好的商品。
- 探詢吧，用你所有的機會去推銷商品或贏得顧客的忠誠。用上你的演技，讓這個過程生動有趣。

第四章

演示的套路

銷售的最大樂趣，就是在你有機會問「你會買嗎？」
之前，顧客就說：「我要買。」

你已經完成了探詢過程，顯示出理解和關心，盡可能了解了顧客的一切情況，並建立了信任。你知道他需要什麼，也知道他為什麼需要。

這是關鍵的時刻——現在，「表演時間」來了！

演示（demonstration）是銷售過程的一部分，你要在其中發揮創造性，成為顧客所期待的專家，並大顯身手。你需要極大的熱情，因為探詢結束之時，就是演示的大幕拉開之時，你要「進入狀態」了。如果你做了一次生動的介紹，正好滿足了顧客的需求，你就能在收銀台那裡贏得喝彩。

演示與你的探詢結果密切相關

除非你的探詢有效，否則你很難符合顧客的需求，或

者，很難證明為什麼顧客應該買你的商品。探詢的過程和從中蒐集的資訊都與你的演示有著不可分割的關係，它們會在本書的後面幾章中呈現更重要的意義。

當你完成探詢的時候，顧客對你的商品的熱情應該有所增加，他就像糖果店裡的小孩一樣，迫不及待地要聽你說。千萬不要說些會消滅熱情的無用細節讓顧客厭煩，而要用為顧客量身訂做的終極銷售演示，來維持他的熱情。

再說一遍，顧客買東西有兩個原因：信任和價值。**信任是在探詢過程中建立的；演示則是你介紹價值的過程**。確立價值不只是說明價格的合理性，還包括更多。研究顯示，人們之所以購買某個商品，價格原因可能只占了一小部分。

設想一位顧客走進你的鞋店，看到一雙皮鞋，把它們反轉過來，發現標價是 300 美元。你能想像他驚訝的表情：這鞋也太貴了！

在演示的過程中，你談到這雙皮鞋是工匠手工製作而成的，意思是每一雙鞋的製作都由一人全權負責。這個人挑選製作這雙鞋的全部材料，包括皮革，讓整雙鞋子搭配得天衣無縫。

請注意，藉由描述一個聽起來幾乎是在創造藝術品的生產過程，這雙皮鞋已經體現出了它的價值。

你繼續說道：「因為這些鞋子是專人製作的，因此打上

了工匠的名字。完工時，這些鞋沒有切口，沒有劃痕，所有部分都完美地組合在一起。和流水線上生產的不同，每一雙鞋都獨一無二。」

你完全以一種聊天式的口吻說出這些，對於這雙鞋從何而來為顧客提供了一些吸引人的資訊。而且，300美元的價格看起來不再像剛看到時那樣高得離譜了。**當價值提升時，價格似乎下降了。**

> 價值可以定義為顧客從購買的商品中所獲得的全部利益。一旦顧客理解了價值，價格就變得不太重要了。

顧客的想法

我們承認：生活中一切東西都太昂貴，除非它和價值連結在一起，而價值是個人化的東西。某件東西是否昂貴因人而異，甚至每次購買時感覺也不一樣。有時，價值在於藉由購買一樣東西來表達愛意；有時，價值在於發現一筆好投資；有時是為了擁有聲望、時尚或耐用性；還有時是為了不落人後。

有些人會花大錢購買一台普通的機械或電子設備，只因為喜歡它漂亮的外觀或其組成的方式——我就為家裡買了一

套立體聲音響。它實在是太美了，美到連紐約的現代藝術博物館也收藏了一套。它有一個40磅重的遙控器，按鈕上還有按鈕。它非常壯觀——雖然我知道花一半的錢就能買到一套效果好兩倍的音響，但對我來說，美感的意義重大。對於購買特定商品的特定顧客而言，這些因素可能非常重要。

　　某個顧客認為所購買商品的價值，可能與另一顧客的想法大不相同。我們都擁有看似分裂的購物模式，但它在我們自己的價值體系裡是完全合乎邏輯的。就拿喬·迪肯斯（Jon Dickens）來說吧，他是佛里曼集團的營運長。花300美元買一個漁線輪？沒問題。花300美元買一雙能天天穿的鞋子？他才不會。「那也太浪費錢了。」

　　顧客可以選擇在任何地方購買，她之所以認真地和你交談，是因為你在開場白和探詢中已經傳達出了理解和關心。讓顧客信任你，這很重要。如果顧客信任你，並且確信某件商品的價值，那麼銷售成功的機會就自然增加了。如果顧客並不是非常喜歡你，但若能說服他相信某件商品有價值，交易仍然能夠達成。

　　要是沒能在顧客的眼中確立足夠的價值，那麼無論她是否信任你，都不太可能買你的商品。我們都曾在買東西時將推銷員的幫助拋諸腦後。但無論我們多麼喜歡一個推銷員，如果無法在產品中看到價值，我們就不會買。換句話說就是：

顧客不會只因為信任而買，但會為了價值而買。

　　這就是為什麼在銷售中確立價值如此重要。光是讓顧客欣賞該產品的價值是不夠的，還必須給顧客洗腦，激勵顧客去擁有它。

　　你的任務就是激發顧客擁有商品的興奮感，要做到這一點，沒有一場商品演示秀是不行的。

　　你在演示中必須達成兩個主要目標：

（1）在顧客的腦海中建立商品的價值。
（2）在顧客心中激發立刻擁有商品的欲望！

只推銷顧客需要的價值

　　所有生產商都會整合各種產品特點，以使他們的產品與別家生產商的產品類似或不同。手錶的錶盤可能和別的手錶有所區別，而其他部分卻很類似。某個傢俱品牌擁有經得起年輕家庭折騰的好名聲；汽車製造商則競相提供全世界時間最長的保單。

以上所說的都是某個產品的特點，它們可能是你的顧客正在尋找的特點，也可能與顧客的需求毫不相關。

你要賣的不是特點，而是利益

顧客買的不是特點、功能——他們買的是利益。最成功的銷售人員會選擇演示的要點，提供給顧客他們想買的東西。要做到這一點，你要把從探詢中得知的答案，和你銷售的特定商品的利益配對起來。

光是列出產品的各種特點是不夠的，關於特點你說了些什麼，可能比特點本身更重要。比如說，每個人的臉都有特點，如果你能列舉頭髮、眼睛、鼻子、嘴唇等，人們就會明白你在談論某個人的臉部特點。

列舉特點是銷售的通用方法——它不需要任何思考或想像力，因為你可以對任何人覆述同樣的特點。它就像是在告訴你所有的顧客，這是市場上最好的產品。即使那是真的，很多顧客也不相信，因為這是一個沒有與任何個人相關的陳述，對於店裡的任何商品、任何顧客，你都可以這樣說。

然而，你可以像是畫一幅畫那樣來描述特點——紅色的卷髮、棕色的眼睛、塌鼻子、性感的嘴唇，你就能激發出人們對某些面部特徵的熱情。如果商品的某些方面能滿足顧客在探詢中透露出的需求，你就要用你的語言去生動描繪商品

的這些面向。

最具說服力的14個詞

這裡列出了最具說服力的14個詞。這些詞人人都知道，大家都能夠理解。看一看今晚的電視廣告，數數用到了幾個詞。把它們運用到你在演示時使用的語言中，這些詞語能讓顧客對於成為真正的買主興奮不已。

（1）容易（Easy）

（2）免費（Free）

（3）省錢（Save）

（4）新款（New）

（5）愛（Love）

（6）錢（Money）

（7）健康（Health）

（8）成果（Results）

（9）你（You）

（10）證明（Proven）

（11）你的（Your）

（12）安全（Safety）

（13）發現（Discovery）

（14）保證（Guarantee）

使用這些已被「證明」有用的詞語不但「容易」，而且「免費」。你在交流中要使用人們「愛」聽的詞語，當「你」這樣做時，你會有一個重大「發現」：你會賺更多的「錢」，「節省」更多時間，還能改善你的「健康」和「安全」。使用這些詞語能「保證」你的推銷員生涯獲得「新」的「成果」。

產品知識很重要

是的，產品知識很重要，它的確占據著一席之地。我在第1章裡說過，產品知識和銷售技巧，哪個在銷售中更重要，這個問題一直存在爭議。必須承認，多年以前我也許更注重銷售，我會說：「如果懂得如何賣，你真的不需要太多的產品知識。」大錯特錯。這兩者你都需要，如果你不得不選擇先學其中一個，那就學習產品知識。但是作為專業人士，你不會做這種選擇，因為你必須充分了解這兩種知識，才能獲得生存和發展。

優秀的演示需要你具備一種能力：讓別人感覺你是專家。我敢肯定：你在購物時，沒有什麼能比你提出的問題得不到滿意回答更令人沮喪的事了。

產品知識讓你能夠回答顧客提出的基本問題。在演示中提供有關產品的技術資訊也很重要，這樣顧客會注意到你懂得不少，並把你視為專家。不過，千萬注意，不要連珠炮似

的向顧客拋出術語和行話；也不要有一種錯覺，以為光靠產品知識就能代替展示時顧客親眼看到、感受到的產品利益。

複雜的資訊可能會讓顧客產生距離感，你所在行業的專業術語會令他們迷惑不解。當顧客困惑時，他們覺得無法做出明智的決定，就有可能不買。

偶爾會有內行的顧客故意問一些你回答不了的技術問題，或者詢問超出你的專業知識範圍的使用或維護的細節。如果你不知道，就找出資料，向顧客提供正確的資訊。你不會喪失任何聲譽，因為不知道並不丟臉，找不到資料才丟臉。

如果有必要，可以向公司內的「專家」求助。舉例來說，如果顧客對某個燃木壁爐適不適合在大房間裡使用有所擔心，那麼讓顧客直接與服務部經理或者了解相關知識的另一位銷售人員談可能更有效。這會增強顧客的信心，增加產品的價值，因為顧客既能詢問一般的銷售人員，也可以諮詢行業的專家。

技術資訊也許很有用，但稍有不慎就可能適得其反，減弱你的演示效果。與顧客交流，不是為了賣弄，而是為顧客服務。

例如，有的顧客希望知道一條珍珠項鍊是不是可以單圈或雙圈佩戴，或是當作短項鍊使用，她並不關心蚌殼裡包裹

珍珠的珍珠母的形成。有的顧客希望某某文書處理軟體也可以處理圖像,「這樣設計DM或傳單會更方便」,而她甚至不懂什麼叫「MB」。

下表列出了與特定類型商品相關的某些術語:

皮鞋	珠寶	女裝
鞋跟加固	槽形切面	公主褶上衣
鞋跟寬度	蒂芬尼鑽石托	腰褶
手機	**相機**	**傢俱**
5G	低光源	木質傢俱
觸控螢幕	微距對焦	臭氧層安全
電腦	**運動鞋**	**瓷器和玻璃**
像素	腳掌內旋	骨瓷
記憶體	EVA材質	24%氧化鉛
自行車	**電視和音響**	**音樂播放器**
雙軸輻條	諧波失真	Midi功能
變速器	BNC纜線	過採樣

你的任務是要確保商品對顧客有價值。記住:從探詢中獲取答案,然後針對這些答案做演示。在探詢中仔細傾聽顧客的回答,你在演示時就能有一些重點可以強調。

- 展示賣點和產品對顧客的價值，是銷售演示的根本方法。
- 如果能巧妙地做到這一點，你就賦予了商品存在的理由，也給了顧客購買商品的理由。

激發顧客占有商品的欲望

當你自己對商品評價不高並流露出負面看法時，想說服顧客購買是很困難的。

當你對所在行業的商品日漸了解並學到了更多產品知識時，必然會提高品味，也更渴望擁有更好的產品。然而，如果你無法敏銳地感受每一位顧客的個人品味，這在銷售中將是致命的。

多年前，我幫一個好朋友推銷一批來自中國的古瓷器。中國有很多放滿了這類盤子、碗碟和花瓶的倉庫。因為已經超過100年，這些瓷器可以被稱作古董，但並不十分稀有。我們的行銷策略之一是：選了一個直徑15公分的盤子，把它放在紫檀木的托架上，再附上一張漂亮的手寫簽名的真品鑒定書。這個盤子的零售價是20美元。我買了一大堆用來送

禮。一個朋友把它放在壁爐檯子上的中心位置，他覺得這盤
子非常特別。另一個朋友則把它當作煙灰缸使用。

另一個品味影響價值的案例是我在17歲時買的一輛黃色
的二手福特Falcon旅行車。它是輛很棒的車！對於當時的我
來說確實很棒。現在，我發現自己的品味略有變化，過去的
好東西現在不覺得好了。不過，如果我是賣車的，有個17歲
的孩子走進來，我可能仍會向他推薦那款車。

就像我在第3章強調的，你如何看待商品或如何定義價
值都無關緊要。**你在賣場裡唯一需要考慮的，就是顧客需要
什麼，以及怎樣用最佳的方法滿足他的需要。**

激發顧客占有商品的欲望是任何銷售演示必不可少的一
部分。一位女士也許會欣賞一件大衣的價值，但並不一定要
買它——直到她試穿之後。某個顧客也許理解一輛豪華車的
價值，但直到親自試駕後他才想擁有它。無論你的店裡賣的
是什麼商品，都是一樣的道理。

**我們大多數人在消費品上花的錢總是比實際需要的更
多，因為我們不光是注重實用性而已。**我們可以買普通的藍
色牛仔褲，不買後插袋上繡著商標因而價錢更貴的品牌牛仔
褲，可是實際上我們會買哪個？我們可以買普通轎車而不買
跑車，買80美元的皮鞋而非700美元的靴子。但是，我們在
這些毫不實用的消費品中看到了某些特別的東西，為了享受

擁有它們的特權，我們被激起了購買的欲望。

　　至於推銷價格昂貴的奢侈品就更是如此了。今天花3美元就能買到一個計時準確的手錶，所以銷售一支13,000美元的手錶並不是因為它能告訴你時間。顧客購買品牌錶的欲望之所以被激起，可能是因為她喜歡手錶戴在手腕上的感覺，或是她喜歡受到恭維，或是因為她在別人詢問時間的那一瞬間會感到無比的享受。

　　你也許認為花13,000美元買一個手錶不可理喻，這大概和花125美元買一雙air-pump運動鞋一樣荒唐可笑。不過，當一個十三四歲的顧客要買這樣的鞋時，你的任務是激發他的父母購買的欲望。

　　您知道，史密斯太太，現在鞋子其實是一種生活方式的表達。我們都知道，很難想像世界上有任何一雙運動鞋需要到125美元。但從很多不同方面來說，它值這個價錢。它對於您的兒子的意義在於：他能穿著它走進學校而不感到被朋友孤立，覺得自己是團隊中的一員。

　　讓您的孩子作為社交場合的一員而感到自在，應該值多少錢？多50美元可以嗎？我不知道，當然我也不能替您做決定，但是考慮到這一點很重要，您也許需要仔細想想。

　　如果你對於顧客的需求深感興趣，你就能激發顧客購買

的欲望。你在演示時的態度能成就交易，也能毀掉交易。

發現顧客身負的「使命」

你的顧客可能身負購物「使命」而來。你是不是也和我一樣？有時候，我看到一件非常想要的東西，擁有它變成了我的一項個人使命，甚至每當我想到沒能擁有它，就整天魂不守舍。即使我沒有錢買，我也會圖謀策劃，設法想出得到它的方法。

這裡說說我的經歷。在加州生活了幾十年之後，我終於決定：是買一輛跑車的時候了，而且必須是輛敞篷車。我以往的買車經驗其實是這樣的：我總是在買下新車兩週以後就開始討厭它們，並且狠狠責怪自己沒有買到真正想要的車。我決定不讓這種事再發生了。在經歷了各種痛苦之後，我選中了一輛極好的車，好到它將成為我這一生所買的最後一輛車。即使它的價錢比我該花、能花、想花的更多也無所謂，就這一次了。

我叫來佛里曼集團的全國銷售經理，好為我提供精神支持。必須承認，這些年來我培訓他就是為了讓他告訴我：你做了正確的決定。我可不是讓他來給我潑冷水的。我們走進了展示大廳，它就在那兒：一輛嶄新、閃亮、光芒四射、性感、散發著皮革味的保時捷敞篷跑車。當然，頂篷是敞開著

的。我不太確定，但我覺得那輛車在說：「嗨，哈利！」銷售人員正期待著我的到來，因為我提前打過電話。接下來發生的事情最讓人驚奇。這位銷售人員掏出車鑰匙說：「拿著，出去開一圈吧。」我說：「絕對不行。」他問：「為什麼？」我說：「開了我就會買的。」他說：「你到這裡不就是來買車的嗎？」我和我的銷售經理面面相覷——我低下頭，不好意思地說：「是呀。」

　　這是一場沒有演示的演示，其絕妙之處在於：銷售員沒有告訴我這車很快。這我知道。他沒有告訴我在大熱天有輛敞篷車是件拉風的事。這我也知道。也沒有告訴我這車轉彎能力極佳。這我也知道。也沒告訴我這車有全真皮座椅。我能聞得到。在我沉迷於雜誌上的圖片和細節無數個小時之後，關於這輛車他沒什麼可以告訴我的了。我身負買車的使命。他很幸運，沒有阻止我實現我的目標。

　　相信你對這個關於購物使命的故事深有同感。**記住，很多時候你的顧客也身負購物使命。永遠不要阻止他們去完成使命。**

成功演示的技巧

　　演示技巧（本章稍後會討論）能使你有效地向顧客介紹

商品的賣點和價值，而且需要一系列環環相扣的行動來完成。此外，還有若干其他要素穿插於整個演示過程之中，你需要完全理解它們才能確保成功。由於它們對於演示過程極為重要，而且十分微妙，因此運用這些要素能成就，也能毀掉你的演示。牢牢記住它們，它們將幫助你在富於想像力、創造性和獨創性的演示中巧妙地進行。

- 把重要賣點留到後面介紹
- 讓顧客參與進來
- 創造一點神祕感

把重要賣點留到後面介紹

假設你正與一位顧客交談。你的探詢已經完成，你清楚地了解什麼能給顧客帶來價值。你店裡的商品可以滿足這位顧客的所有需求。你滿懷信心地開始演示，盡量地將顧客的需求和產品提供的價值匹配起來。演示進展很順利，既然如此，你便又列出了商品其他幾個方面的賣點。

突然，顧客對商品提出了異議。你發現自己能說的都已經說完了，你黔驢技窮。如果你已經把關於商品的一切都告訴了顧客，接下去怎麼辦？

一場有技巧的演示不需要複述你所記得的一切，然後乾

等結果。**好的演示要基於你在探詢中的發現，滿足顧客部分需求的同時，又保留部分需求。**不要把自己弄到無話可說的地步；仔細選擇你的演示要點，把最好的部分留到最後。如果你的最佳資料在推銷中用不上，還能成交，那也很好；如果你需要更多的資料來應對顧客的異議，你還有最後一招：有時候，丟出一個重大利益（我稱之為大砲〔cannon〕）給顧客，就能把他們逼到牆角，最後成交。

這和談判很類似。如果一開口就拿出最優惠的報價，那麼當別人想就更低的條件進行協商時，你就無路可退了，談判就只能結束了。

當你下一次展示某個產品或談到某項服務時，先想想它最讓人印象深刻的是什麼，然後試試你能堅持多長的時間不提到這一點。這對於學習這類控制技巧是個很好的練習。

讓顧客參與進來

人們如果能親身體驗產品，就更容易認同你所演示的產品的價值。保持你與顧客的互動，並讓顧客與產品互動，在演示產品時要鼓勵顧客親身參與。顧客參與了商品演示，他或她擁有這件商品的欲望將會更強烈。

你要讓顧客為產品著迷。邀請她按下按鈕、轉動把手、開上一圈、觸摸它、感受它的品質，然後觀察顧客的反應。

演示時，你要解釋怎樣使用這個產品，就像你是在教已經購買了該產品的顧客怎樣使用它一樣。

當櫃台這個形式上和心理上的障礙被消除時，在產品演示中積極邀請顧客參與是特別有效的方法。如果條件允許，你可以在演示產品時走到顧客那一邊，站在她的身旁。你的位置會更有助於顧客試用產品或了解產品的功能。此外，顧客可能會對你的行為產生更積極的感受，把它視為一種樂於提供服務的表現。

我把這比擬為參加舞會。有些舞會你覺得很有趣，有些卻很無聊。我堅信，你在舞會上跳多少支舞和你有多喜歡這舞會之間存在著直接關係。如果你跳了好幾支舞，你就是喜歡這舞會；如果你根本沒跳，你就是討厭它。如果顧客能親自用數位相機拍一張照片，他就會喜歡這部相機；如果是你替他操作而他根本沒有參與，他就很可能不喜歡。

當顧客參與演示時，他會對擁有這件商品產生一種情感投入。這種投入會增加顧客對你的信任，擴展商品對於顧客的價值，並增強顧客占有商品的欲望。

銷售人員有時會忘記，走進商店購物對於顧客來說是多麼令人興奮的事。對於像我們這樣每天圍繞著同樣商品而工作的人來說，熱情和興奮有時會隨著時間的流逝而慢慢消失，再昂貴的東西看上去也平淡無奇。這種冷漠的感覺導致

某些銷售人員漫不經心地對待他們的商品，在演示時表現得十分懶散。

　　散漫對待你販售的產品是無法說服顧客購買的。在我們眼裡那可能是一頂舊帽子，但顧客卻是第一次看見這件商品。對顧客而言那是一塊處女地，你如何對待這件商品會帶給他們正面或負面的印象。我們越是認真地展示商品，在顧客心目中產品的價值就越大。

　　然而，有些銷售人員卻被某件商品嚇住了，以致於從來不敢碰它或者把它從盒子裡拿出來。記得有一次，我為南加州某個百貨店的瓷器水晶和禮品部上培訓課。在課堂上，為了說明觀點，我使用的小道具之一是一條巨大的、有兩個支腳的瓷魚。它非常易碎，極其難看，而且要價600美元。上課時，我把它拿起來夾在胳膊下，而且一直夾著，就像它是個寵物似的。其實我只是想表現得風趣一些，但是我對待這條魚的方式，以及向人們展示它可以觸摸的行為，使聽課的銷售人員也獲得了信心去觸摸它。結果，他們在上完課以後賣掉的瓷魚比他們兩年加起來的銷量還要大。

故意讓商品離開顧客的視線

　　有時候，小小地逗弄一下顧客沒有什麼壞處。你在熱情介紹產品的時候，可以故意讓顧客等待片刻再看到商品。例

如，你可以說：「我這兒就有您想要的鑽戒。」然後從陳列櫃裡拿出鑽戒，把它握在手中，用一塊拋光布恭敬地包裹起來。當用布「擦拭」藏在下面的鑽戒時，你說道：

您會喜歡這只鑽戒的。它的優點之一是，這顆鑽石是四爪鑲嵌，這能讓光線同時向上向下折射，使鑽石更加光芒四射。這能讓人產生錯覺，覺得鑽石的大小幾乎是實際的兩倍。這很棒，不是嗎？

你的顧客甚至還沒有看見產品，它的價值就已經增加了。當價值增加時，顧客對價格的敏感度就降低了。把一輛拖拉機藏在拋光布下是不可能的，但你仍然可以讓大件產品保持在顧客視線之外，從而營造出一些神祕感。如果要展示的產品放在店的另一頭，你可以一邊說一邊慢慢地走過去。不用著急，掌握好說話的速度，使自己說完時正好走到商品前面。然後揮手向顧客介紹產品，並邀請他參與其中。

如果有可能，把你正在談論的商品與周圍其他商品隔離開來。例如，當鑽戒被放在展板上時，展板不僅突顯了你正在展示的鑽戒，還擋住了顧客觀看其他鑽戒的視線。如果產品體積很大，你可以在帶領顧客觀看之前，先把它轉移到店裡某個獨立的地方。

恭敬地對待商品會增加商品的價值

漫不經心地擺弄商品會向顧客傳達出你的冷漠；恭恭敬敬地對待商品會增加商品的價值。假如你相信店裡的每一件物品都價值百萬，你是否會對它們另眼相看？鑽戒怎能不用雙手奉上？衣服怎能不像寶貝一樣從衣架上取下？

銷售既是物質的，也是情感的。 每個行業都有展示產品的獨特方法，用以創造購買欲──從服飾業中試衣間和穿衣鏡的布置，到音響器材業中銷售人員供顧客選擇的試音碟，還有顧客試騎自行車，乃至你讓顧客試躺在床上的方式。所以，花時間去創造一次個人化的產品演示，真正讓顧客知道你有多麼熱愛你的商品，擁有它們是多麼激動人心。這樣做完全值得。

終極的演示話術

我在18歲時參加了我人生的第一堂銷售培訓課程。在課程中，他們教授了一種利用商品特點和價值進行演示的方法。培訓師說，特點雖然可以讓產品差異化、與眾不同，但顧客尋求的是價值。這是一種極好的技巧，它改變了我銷售的方式；後來我知道，有些培訓師把產品的優點當作橋樑將

特點與價值連結起來，以說明為什麼這個特點會給顧客帶來價值。

在發現這種方法並學習一段時間之後，我了解到，要學會如何將「特點—優點—價值」（Feature-Advantage-Benefit）串連起來並不容易，但是值得為此投入時間和努力。我就是因此而成為一位銷售專家，也讓我能清晰地向顧客使用這個方法。

在「特點—優點—價值」的陳述之後，我加上了一個「反問」（Grabber），這就變成了「特點—優點—價值—反問」（Feature-Advantage-Benefit-Grabber），簡稱FABG。反問就是以反問句的方式重申商品的價值，以求得到顧客的認同。我在這一章用了特別多的篇幅討論特點、優點和價值，因為我就是喜歡它們的影響力。

假如在探詢過程中，你發現商品的某些特點能夠滿足顧客的若干需求。此時最關鍵的是，要根據顧客的需求或欲望來演示商品的特點、優點和價值。注意，不要只是複述一長串的產品特點，也不要忘記有些資料可以留到後面再用。

如何巧妙地過渡到演示

要轉換到演示的時候，你要讓顧客充滿期待和興奮感，例如：

- 有件東西您會喜歡的。它就在這兒。
- 我們有送給您妻子的完美禮物。來，看一看吧。
- 準備好了嗎？您會覺得它很完美。

這些過渡性的語句不僅很有效，它們還能提醒你：演示時間到了。

轉換到演示產品的時候，應該盡量使用普通詞彙，而把各種描述留給接下來的FABG陳述。

「我來為您展示這款戒指／外套／帽子／沙發／禮服／自行車。」如果介紹時你說的是「鑽石戒指／毛皮外套／牛仔帽／絲綢禮服／越野自行車」，那麼你給出了一種特點，卻沒有任何說明。產品的特點應該與相關的優點和價值一同給出，否則可能會造成困惑。

開始演示的話術

我堅信應該用這樣的句子開始你的演示：「這雙鞋的優點之一是……」或者「這款手機的其中一個優點是……」或者「這台電腦最棒的地方之一就是……」。這暗示著這雙鞋還有很多優點。這是個簡單的句子，但確實能讓演示與眾不同。由於你不會只是念出一長串產品特點，這能讓顧客輕鬆地期待聽到產品的其他優點。

定義特點、優點和價值

為了學習「特點、優點與價值」這種演示方法，我將以一雙鞋為例，因為世界上幾乎每個人都至少買過一雙鞋，所以我知道你對它非常熟悉。

特點 特點是某個產品或服務的一個顯而易見的部分：例如是用什麼原料製成、在哪裡製造、顏色、大小、使用的材質等。世界上每一個產品都由不同的特點組成，這些特點由製造商選擇，目的是使其產品相似或區別於競爭產品。

畫出一隻鞋子。你可以把它看成是「一組特點的集合」。讓我們來看看其中一些特點：黑色、皮質、平底便鞋、皮革襯裡、鞋跟墊、美國製造、手工縫合等。你還能說出很多其他特點，但這是個很好的開始。無論如何，身為一個「畫家」，你的任務就是用令人興奮的語言創造一幅圖像，激發購買欲。下面的說法聽起來是不是更好些？

特點

深黑色

小牛皮材質

傳統平底便鞋

全皮革襯裡

橡膠鞋跟墊

完全美國製造

精心手工縫製

優點　優點直接與特點相關。可以說，優點就是你擁有
了這個特點之後所獲得的東西。有些人喜歡在說完特點之後
加上「意味著」，這樣有助於你解釋優點。

特點	（意味著）	優點
深黑色		中性色
小牛皮材質		貼合腳型
傳統平底便鞋		永不過時
全皮革襯裡		用料考究
橡膠鞋跟墊		防滑
完全美國製造		品質保證
精心手工縫製		精湛工藝

提醒：任何一個特點都可能具備多個不同的優點。例如，小牛皮不僅
使皮鞋貼合腳型，還是一種有利於鞋子「呼吸」的透氣材質。你應該
利用哪一個優點呢？我的答案只有兩個字：探詢。

價值　價值直接與優點相關，而不是與特點相關。你可
以說「這個優點的價值是⋯⋯」，而優點是因顧客而異的。
價值的定義是：這個優點能為顧客做些什麼？具備這個優點

能給顧客帶來什麼好處？這個優點有什麼用？同樣，在優點與價值之間使用「意味著」這個詞能幫助你遣詞造句。當你熟練和有自信以後，你就能拋開這個詞而說出更流暢的FAB陳述。

在選擇最適合顧客的特點（和優點）時，每一個優點可能具有多個價值。同樣，這也必須根據探詢的結果來做選擇。

特點	（意味著）	優點	（意味著）	價值
深黑色		中性色		能與各種服裝搭配
小牛皮材質		貼合腳型		感覺像是特別訂製的
傳統平底便鞋		永不過時		能穿很多年
全皮革襯裡		用料考究		即刻的舒適感
橡膠鞋跟墊		防滑		安全
完全美國製造		品質保證		可信賴
精心手工縫製		精湛工藝		感覺與眾不同

反問 完成演示的最後一步。

當你按部就班地組織起一段為某個顧客量身訂製的FAB話術，並以一個很棒的價值結尾之後，當然就要看看顧客是否真的認同了。「反問」這一步出現在FAB之後，就是這個目的。反問就是以反問句的方式再次重申產品的利益，以求

獲得顧客的正面回應。

很多銷售人員一直覺得反問句聽起來有點彆扭。但無論如何，你的顧客會喜歡的，它能使顧客參與進來。

剛開始時，你可以用反問句完整地重複產品的價值。更有經驗以後，你可以做些改變，以適合顧客的情況。

物品	呼啦圈
特點	完美的圓圈
優點	輕鬆地旋轉
價值	你能獲得很多樂趣
反問	你喜歡有樂趣的東西，不是嗎？
反問	看起來很好玩，不是嗎？
反問	看起來很棒，不是嗎？

合而為一

理解FABG的各個部分及如何使之適應特定顧客的需求，是極為有用的。把它們組合在一起使用，你會發現真正的樂趣。

讓我們來看看，現實情況中一個精心建構的FABG陳述是什麼樣子。這次我們來展示一件精美的珠寶。

銷售員：根據您剛才告訴我的，我認為這枚戒指是您的

絕佳選擇。這枚戒指的特色之一就是中間的寶石被四周的鑽石完全圍繞。這突顯了藍寶石的藍色，也使戒指看起來十分高雅。您要的正是外觀高雅的戒指，是吧？

顧客：哦，是的。

銷售員：來吧，戴上試試。看，簡直是絕配，連大小都不用調了！這枚戒指的另一個優點，就是它的藍寶石來自斯里蘭卡，那裡是世界上最好的藍寶石產地。您能擁有世界上最好的寶石真是太好了，尤其是您正要做出購買高級珠寶的重要決定，不是嗎？

請注意，銷售人員一開始提到物品時說的是「戒指」二字，只說「是您的絕佳選擇」。接下來是銷售人員對符合顧客意見的第一個特點的描述，其中使用了富有表現力的詞語來描繪畫面。

這裡並沒有討論戒指上有幾顆鑽石，或是關於寶石重量的技術資訊。取而代之的是，銷售人員談到這顆藍寶石「被四周的鑽石完全圍繞」這樣一個價值點。為什麼這是一個價值點？因為它提供了一個優點，即鑽石能夠「突顯」藍寶石的色澤。

銷售人員還幫助顧客將戒指試戴在手上，甚至可能繞過櫃台來到顧客身旁，從一個更好的位置進行演示。當戒指戴

到顧客手上時，銷售人員說的話好像顧客已經買下了戒指：「連大小都不用調了！」

透過簡單的幾步，這位銷售人員就做到了銷售過程的四個重要面向：

（1）藉由鼓勵顧客觸摸和試用商品，邀請顧客參與演示。

（2）在顧客試戴戒指時站在顧客身邊，保持與顧客的互動。

（3）提及商品時，好像顧客已經購買了一樣。

（4）將戒指的特點與顧客需求相匹配，隨即開始另一項FABG陳述。

某個物品的一個特點可能具備不同的價值和優點。例如：

物品	房子
特點	四個臥室
優點1	一個臥室可以當作書房
價值1	週末安靜工作的地方
反問1	這很方便，不是嗎？
優點2	三個孩子各自都有臥室
價值2	每個家庭成員都有私人空間
反問2	這讓家裡每個人都高興，不是嗎？

　　不管一個特點具備幾個優點或價值，你的FABG陳述都要簡單明瞭。每個FABG陳述都必須包括一個特點、一個優點、一個價值和一個反問。

　　總之，你要針對探詢中的發現，最大限度地利用與顧客特定需求相關的FABG。同時，你要利用最少的資訊量，盡可能地把商品賣給顧客。

檢查FABG陳述

　　一旦建立好一個FABG陳述，有一種檢查方法可以確保它的正確性。以呼啦圈為例，從特點開始一直檢查到價值，在每兩個詞之間都插入「意味著」這個片語：

　　這個呼啦圈是個完美的圓圈，這就「意味著」它旋轉起來很輕鬆，也就「意味著」你在使用它時會獲得很多樂趣。

物品	呼啦圈
特點	完美的圓圈（意味著）
優點	輕鬆地旋轉（意味著）
價值	您會獲得很多樂趣

　　下一步，從價值開始倒著檢查到特點，每一步都問「為什麼」。

你會獲得很多樂趣。為什麼？因為它能輕鬆地旋轉。為什麼？因為它是個完美的圓圈。如果兩個方向的邏輯都成立，那麼這個為演示呼啦圈所建立的FABG陳述就是合理的。

FABG適用於任何東西

使用FABG進行演示的優點之一是，它是一種能把你對產品的思考和熱情組織起來並傳達給顧客的好方法。如果顧客能感受到你在演示時的熱情，就能促使他購買。你就是要讓顧客購買，不是嗎？

上面這段話就用了FABG方法。FABG其實可以用於任何物品的演示。這裡再舉幾個例子：

我來為您展示這套西裝。料子感覺怎麼樣？這套西裝的特點之一是，它是縫合而不是黏合的。這意味著所有裁片都是用一針一線縫在一起的，而不是用黏合襯黏起來的。因此不論是穿在身上還是清洗後，它都能保持不變形。您穿了5年之後，它都會和您剛買時一樣好看。這點在買高級男裝時是很重要的，不是嗎？

我為您挑選了這款棒球手套。您可以仔細看看。這只手套的特點之一是，它裡面用的是小牛皮，外面用的是母牛皮，因此您戴起來不會覺得刺刺的，在打球時會感覺更好。

您打球時想的當然是怎樣接住球，而不是接球時會不會痛，不是嗎？

我想您會喜歡這個沙發的。坐上去試試看。這個沙發的特點之一就是它的靠墊使用了柔軟的填充物。當您往後靠時，您能恰到好處地陷入靠墊中，感覺非常舒服。我敢打賭，您都能想像出自己每晚在這沙發上入睡的情景，不是嗎？

現在輪到你了。演示的自然和個性化很重要，因為你是在學習如何靈活地組織FABG陳述，而不是死記硬背幾個句子。如果你只是記住幾個FABG並反覆使用，你就無法為每個顧客找到合適的價值，也無法把顧客的需求與產品的特點匹配起來。

和同事們玩玩FABG遊戲，可以讓你的學習更有樂趣。我們在自己的公司裡就這麼做。你經常會聽見有人在訂午餐時說：「這個漢堡的特點之一就是芝麻麵包，每一口都是美味，它讓你的午餐無比愉快。你們就是想吃一頓好吃的午餐，不是嗎？」用不了幾秒鐘，又一個人說：「在這裡用餐的另一個特點就是超大的紙巾，它提供了額外的清潔能力，讓你在大嚼漢堡時還能保持良好的形象。吃飯也要講究形象，不是嗎？」你們可以隨機挑一個物品輪流地說，每個人都講一個FABG陳述，看誰說得最精彩。

在演示時要假設顧客已擁有產品

整個演示方法的最後一招，就是實現價值，即在描述商品時，假設顧客已經擁有了這件商品。

這算是一種假設性的演示。讓我們來看看兩個簡單的FABG陳述，一個只是描述產品，另一個則假設顧客已經擁有了產品。

描述

這架鋼琴的特點之一就是它高光澤度的表面，這能讓您很輕鬆地拭去灰塵並保持清潔，讓它成為房間裡一件華麗的裝飾品。這真的很棒，不是嗎？

假設擁有

史密斯夫人，您擁有這架鋼琴後，一定會讚賞它高光澤度的表面使您很輕鬆就能拭去灰塵並保持清潔，它和您期待的一樣，是您房間裡一件華麗的裝飾品。當大家都讚賞您這架鋼琴是多麼漂亮時，您一定會感到驕傲的，不是嗎？

這絕對是極具說服力的演示。它顯示了我們的信心和達成交易的渴望。

避免落入比較的陷阱

你是否曾經陷入讓顧客比較兩個產品的情況，結果什麼也沒有賣出去？或者，作為一個顧客，當銷售人員告訴你，你看中的產品不夠好而另一個產品更好時，你是什麼感覺？**不管你自己怎麼想，比較你店裡的產品是一個誤區，它會降低你的銷售額，毀掉你的銷售任務。**在應對顧客的比較請求之前，有幾件事情你需要考慮。其一，任何時候批評店裡的任何產品，等於告訴顧客店裡賣的產品不好。其二，比較產品是帶有主觀色彩的。換句話說就是，產品更好或者更差都是你的個人觀點。舉一個簡單的例子，例如一台有12檔速度和多種功能的食品加工機。當你考慮到顧客只是為了混合飲料而購買時，它是不是真的就比一台攪拌機更好呢？另一個潛在的危險是，為了賣掉價值 1,000 美元的產品而去貶低價值 500 美元的產品，結果卻發現顧客只有 500 美元可花。這些情況下你要遵守的規則就是：永遠不要比較。

根據產品各自的優點來銷售產品

有一個更好的方法，就是針對每個產品本身固有的價值來銷售產品。你可以這樣說：「產品 A 很好是因為……」，而

「產品B不錯是因為……」，在解釋時，可以用上幾個FABG來描述產品。例如，一個壁爐使用起來高效，而另一個設計獨特。

　　你指出它們的區別，但避免落入說哪一個更好的誤區，你就能根據最適合顧客需求的特點和價值，引導顧客做出決定。然後，如果顧客認為她的預算只夠購買價格較低的那個商品，那就絕對不要去做品質高低的比較。

　　有時顧客會問，為什麼兩個相似的產品價格卻有所不同。遇到這種情況可以這樣解釋：價格更貴的那個產品的某一特點可能生產成本更高，因此最終產品的價格要高一些。你可以向顧客解釋：原材料的品質、生產工藝、對產品細節的注重，甚至是品牌名稱，這些特點都會影響到價格。

　　試想有兩件外表相似的毛衣，但是一件比另一件貴100美元。高價的毛衣可能是手工編織的，而另一件可能是機器編織的。這並不意味著那件便宜的毛衣不好，只是品質有所不同。或者試想一輛豪華轎車和一輛家用旅行車的價格差別。如果根據價格相對低就判斷旅行車「不好」，那麼每個人不是開豪華車，就得坐公車了。你寧願賣出一輛旅行車，也不想一輛車都賣不出去，不是嗎？

　　在下面這個場景中，銷售人員被要求對兩個相似的產品做出比較。

顧客：哪一個壁櫃更好？

銷售員：這兩個壁櫃各有優點。這個紫檀木壁櫃的特點之一是它的獨特性，像這樣的可不多，您放在家裡會顯得與眾不同，引人注目。我想您喜歡受到讚美，不是嗎？

顧客：是的，我喜歡與眾不同的東西。

銷售員：另一個壁櫃的一個特點是它櫃門上用的是特殊鉸鏈，經久耐用。您在購買一件優質傢俱時這一點很重要，不是嗎？

顧客：是啊，但為什麼這個那麼貴呢？

銷售員：有時候，某個產品特點需要更高的成本去生產，這就會對價格產生影響。就這個壁櫃來說，我想是它櫃門上的彩色玻璃和上面的手工雕刻造成了價格上的差別。

顧客：這個紫檀木壁櫃蠻漂亮的，是吧？

請注意這位銷售人員是如何盡力避免自己落入顧客要求他比較產品的陷阱。向顧客提供「產品相似但品質不同」的觀點，而不是說這個產品「更好」或「更糟」，顧客通常會忽略價格，自己選擇產品的特點和利益。

所以，千萬不要因為做比較而扼殺了顧客對你店裡任何產品的熱情。每一種產品都有區別於其他產品的特點，你要做的就是：找到商品獨一無二的屬性，並依靠它們展開銷售。

如果顧客詢問你的意見

在很多情況下，顧客會詢問你的意見。我們假設你已經說清楚了每個產品的特點和價值，而你的顧客並沒有表示他想要哪一個。我強烈建議由你來幫助顧客選擇一件你感覺最適合他的產品，而不要去考慮價格。要知道，如果你推薦了一件價格更高的產品而他的回答是「不」，你就走投無路了。如果顧客不用表明自己的意見也能達成交易，他們會感覺得到了更好的服務。

然而，有一種情況會出現在服裝、珠寶、鞋子、體育用品這類商品上。對於這類商品，告訴顧客你非常不喜歡某件商品，反而能夠建立信任。例如，你認為某位女士穿上這件襯衫可能會好看，你可以建議她試穿一下，結果卻說：「這個顏色和您一點也不搭，快脫下來吧。」這樣一來，當你告訴她「這件您穿起來很好看」時，她就更容易相信你了。這是個「試醜說醜，反增信任」的花招。

避免對其他的競爭商品做出負面的評論，也是明智的做法。貶低其他商品是毫無必要的，這既使你自損形象，也會讓顧客感到不舒服。

搞定可能毀掉生意的「專家」

顧客經常會帶上一位朋友或親戚一起來購物，因為顧客認為這個人對於她要購買的商品的看法更加專業。這可能會是讓你沮喪的經歷，一不小心，你的演示效果就可能被徹底摧毀。

要應對這種情況，首先，讓我們先來了解一下顧客帶「專家」來的原因：

- 一位對你銷售的這類產品不太了解的顧客可能擔心自己被騙，因而需要這位「專家」朋友來防止她做出錯誤的選擇。
- 有時，顧客喜歡別人因她所購買的商品而稱讚她；這種稱讚是對她做出明智決策的一種肯定。
- 這位「專家」朋友也可能是主動前來，因為他真心想提供幫助。

不管「專家」是誰，他終究是被「請來」提供他的寶貴意見。他需要花時間坐上車、開到你的店門口，然後走進來。如果你不讓他也參與到演示中來，他最終會給出一個意見，而且通常都是「不」。如果這位「專家」只是被晾在一旁無法發表意見，那麼他會認為他是在浪費時間。沒人希望

浪費時間。

　　但是，一個容易嫉妒的「專家」可能想要確保顧客最終購買的商品不會比自己的更好，或者他就是想要打擊你而已。

　　不管是哪一種情況，你的目標就是賣掉這件商品，同時與這位「專家」朋友達成共識。**達成這一目的最簡單的方法就是，向顧客指出特點、優點和價值，然後把意在獲得肯定的反問拋給這位「專家」。**

　　假設顧客和她的「專家」朋友前來購買一輛越野自行車。這位「專家」說服顧客沒有必要買一輛越野自行車，因為顧客不經常騎車，也就用不著花那麼多錢。你當然想要做一筆更大的生意。

　　對顧客說：這輛自行車的特點之一就是，它在越野自行車中是價格較低的一款，您可以花較少的錢享受到越野自行車的優點。同時，這輛車也符合您對自行車的更高要求。

　　對「專家」說：購買能買得起的最好的東西是非常明智的，遠比幾個月後懊悔錯過了機會要好得多。您一定同意這個看法，不是嗎？

　　有的「專家」確實知道一些專業知識或技術知識，這時搞定「專家」的最簡單方法是：說一個專業性極強的FABG

陳述，技術性之高使他無法爭辯，因為這超出了他的知識範圍。他會表示同意，因為他不想向他的朋友顯示自己是個不太專業的「專家」。

對顧客說：這個漁線輪的特點之一，就是它的新型耐熱釣力閥制動墊片，當大魚拉扯漁線時，它不會使漁線纏繞或發熱斷裂。

對「專家」說：這是他們推出的新技術，不是嗎？

在演示商品時你要保持完全中立，讓顧客和她的「專家」自己做出選擇。有時候，顧客決定聽從她朋友的建議。如果是這樣，你可以開始開發票了。這就讓購買決定和購物承諾白紙黑字地確定下來。

不過在完成交易之前，如果你仍然心有不甘，那就向顧客再指出一件事。那時，而且只能在那時，禮貌地向顧客解釋她的選擇可能存在的問題。你在告知之前在紙上確認顧客的購買決定，是故意讓顧客和專家獲得勝利。這樣，顧客就下意識地擺脫了兩難的困境，可以自由地改變決定而聽從你的建議。

舉例：您選擇了一輛很好的自行車，而且您的考慮也很周全。在您做出最後選擇之前，也許還有一個因素需要考慮

一下。自行車 B 的變速器有更多檔位選擇，這能使您騎上坡時更加輕鬆，更有樂趣。既然您住的地方有不少山坡，您肯定想讓您的騎車體驗更好，不是嗎？

如果顧客仍然聽從「專家」的建議毫不動搖，那麼你已經做了能做的一切，確保顧客購買了一件不會令她後悔的商品。如果你無法說服她，那就賣給她自己選擇的商品。你已經盡力而為了。這時候，給顧客她想要的就行了。

如何對付「不在場」的專家

有時候，顧客並沒有帶著專家朋友一起來，只是帶來了這位專家的口頭建議。如果這個建議並不好，你可能會發現狀況有點棘手。你不想讓顧客購買錯誤的商品，但不知道該如何在告訴他的同時，既不否定他的專家朋友，又不讓他一無所獲地離開。

出現這種狀況時，你要盡一切努力弄清楚他的專家是什麼人。從他的兄弟那裡聽取的建議，和在超市排隊時的道聽塗說有很大的差別。一旦知道了專家是誰，對於是否有望改變顧客的想法，你會有更好的主意。

比如說，我是個對電腦一無所知的人。我詢問我的兄弟該給家裡買台什麼樣的電腦。他告訴我應該買 IBM。於是我

來到當地的電腦專賣店，銷售人員問我需要什麼。當然，我說我想買一台IBM電腦。他問我買電腦做什麼用，我回答說是為了在家辦公。然後，他告訴我他有一台更好、更快、更便宜的電腦，比IBM好得多。現在，我面臨了該相信誰的抉擇：我的兄弟——他是我信任的人，或是零售店的銷售人員——他是我不認識的人。你猜對了：我選擇相信我的兄弟。即使那位銷售人員是對的，我也絕不會聽他的。

要妥善處理這個問題，首先需要弄清楚顧客的資訊來自哪裡，然後得到允許去改變選擇。

> 銷售員：您需要什麼？
>
> 顧客：我想買一台電腦。
>
> 銷售員：您喜歡哪一種電腦呢？
>
> 顧客：我剛開始看，不過我想我喜歡IBM的。
>
> 銷售員：這是個好品牌。您為什麼選擇IBM呢？
>
> 顧客：我兄弟很懂電腦，他推薦了這個牌子。
>
> 銷售人員：您的兄弟主要用電腦做什麼？
>
> 顧客：他工作時要用。
>
> 銷售員：IBM確實是很受歡迎的辦公電腦。

聊到這裡時，要詳細地詢問顧客為什麼要買電腦。得到他需要電腦的原因之後，可以做以下嘗試：

　　銷售員：您知道，電腦技術的更新是很快的。您的兄弟也許不太了解，一些不很知名的小公司製造的產品就價值而言，其實比IBM的電腦CP值更高。這一點很重要，因為他們不是大公司，所以必須做得極有特色才能贏得顧客。我相信如果您的兄弟了解這些電腦後，也會為他的家裡買一台的。我來展示給您看看好嗎？

　　如果顧客說好，那麼他已經忽略了他的兄弟，對你表示了信任。如果這時顧客說「不，我要IBM」，那就感謝他選購IBM並告知售後服務等其他資訊，因為讓他改變選擇幾乎是不可能了。

　　有時候，顧客的「專家」居然是你的競爭對手店裡的銷售人員，而他向顧客提供了不正確的資訊。即使顧客接受了不道德的競爭者給出的錯誤資訊，你也不要去譴責這個傢伙的公司或者產品。

　　正如你所看到的，開場白、探詢以及現在的演示被連結在一起，組成了一次有幫助、有關心、有效果的產品演示。在整個過程中，你必須注入你的個性、風格和熱情去創造一場演示，目標就是讓顧客說：「我要買這個。」

要點回顧

- 演示是關鍵的時刻——這是你在銷售過程中發揮創造力並大顯身手的部分。演示的成功很大程度上仰賴深入徹底的探詢。

- 顧客只會出於兩個原因購買：信任和價值。信任需要在探詢中建立；價值則在演示中確立。

- 價值可以定義為顧客從購買中所獲得的全部利益。它與產品的價格是兩回事。價值可以是任何東西，包括一般意義上顧客認為有價值的東西；或者是在某一次購買中被認為有價值的物品。

- 演示中要實現兩個主要目標：在顧客的腦海中建立商品的價值；在顧客心中激發立刻擁有商品的欲望。

- 顧客買的不是特點，而是價值。特點是一件商品具有的某種屬性；價值是這一特點能為顧客帶來的好處。

- 找出什麼能給顧客帶來價值，把探詢中得知的答案和所售商品的價值匹配起來。探詢會告訴你演示中需要強調什麼內容。

- 演示的成功有賴於穿插在整個過程中的多個要素，包括：把要點留到後面介紹以反擊異議、讓顧客參與到

經濟新潮社

多巴胺國度
在縱慾年代找到身心平衡

DOPAMINE
NATION
FINDING BALANCE
IN THE AGE
OF INDULGENCE

美國
暢銷20萬本

安娜‧蘭布克醫師
Dr. Anna Lembke
鄭煥昇｜譯

多巴胺國度

在縱慾年代找到身心平衡

美國暢銷20萬本，成功戒癮的經典之作

揭露人們在慾望國度中的瘋狂歷險、
所付出的代價，以及，如何平安歸來。

成癮的爽、戒癮的痛，爽痛之間該如何取得平衡？

沈政男、蔡振家、蔡宇哲——一致推薦

作者｜安娜‧蘭布克醫師　譯者｜鄭煥昇　定價｜450元

BLOG

FACEBOOK

從「利率」看經濟

看懂財經大勢，學會投資理財
你的工作、存款和貸款、甚至你的退休金，都跟「利率」有關！

日本No.1經濟學家——瑞穗證券首席市場經濟學家上野泰也，教你從最基本的「利率」觀念，進而了解金融體系的運作、各種投資理財商品的特性、看懂財經新聞、洞悉經濟大勢！

專業推薦

台大經濟系
名譽教授
林建甫

台灣科技大學
財務金融所教授
謝劍平

財經作家
Mr.Market
市場先生

《Smart智富》月刊
社長
林正峰

台灣頂級職業籃球大聯盟
(T1 LEAGUE)副會長
劉奕成

《JG說真的》
創辦人
JG老師

從「匯率」看經濟：
看懂股匯市與國際連動，
學會投資理財

2024年
第一季出版

演示中，以及創造神祕感以增加產品的吸引力。

- 演示的核心內容是用FABG陳述法來介紹商品。對於每一個FABG陳述，都需要選擇一個產品特點（F）；說明具備這一特點的優點（A）；然後指出這個優點能為顧客帶來的價值（B）；最後提出反問（G）重申此一價值以獲得顧客的認同。

- FABG陳述法適用於任何產品。它是你為顧客演示時整理思緒並保持熱情的一種好方法。

- 避免落入比較的陷阱：每一件產品都要根據各自的優點來銷售。價格的差別可以解釋為原材料或生產工藝的差別。

- 如果顧客帶著自己的「專家」來評斷你的商品，你要禮貌但堅定地對待他。在把產品賣給顧客的同時，也要贏得「專家」的認同。

- 避免批評競爭對手的公司或製造商。貶低競爭商品經常會適得其反，因為你的否定語氣會給顧客一種負面感覺。

- 我們的目標是：用最有效的專家意見——你的意見，把每一個顧客都變成真正的買主。

第五章

試探成交與附加銷售

做了產品展示卻沒有去嘗試成交，就像是寫一部小
說但沒有結尾一樣。

當我開始提出七步成交法的時候，其中一步我是借鑑了工業界的銷售方式，也就是「試探成交」（trial close）。在企業對企業（B2B）的銷售中，使用這一步的目的是為了讓對方做出一點正面的決定，或是為了試水溫，看看顧客是否準備購買。這在當時很有意義；但是現在，尤其對零售業的銷售而言，它已經不適用了。

　　這一步你要做的，是請求你的潛在買主做出一個小小的決定。例如，「您是在工廠提貨還是我們幫你貨運？」或「您的集裝箱需要整櫃裝載還是散櫃裝載？」，讓顧客回答這類問題，你就能假設他們即將購買。這樣你就可以進入最後的成交陳述階段了。

　　在零售業的銷售中，這種思維方式的問題在於：為什麼

要試探顧客？如果你已經開啟了銷售，打消了抗拒心理，用有效的探詢找出了顧客需要什麼和為什麼需要，並且演示了這件產品會如何使顧客受益，難道這還不足以使你達成交易嗎？

在演示過程中，顧客的頭腦可能隨時接受或隨時拒絕購買的決定，而顧客最樂意購買的時刻，就是在完成一次為顧客量身訂做的完美演示之後，除此之外我想不出比這更好的時刻了。優秀的銷售人員會假設顧客即將購買，然後去達成交易。這使得「試探成交」必須有所改變：它變成了以附加產品為手段的最終成交。我們稍後會談到附加銷售的內容，不過首先，我們來談談為什麼人們不喜歡成交。

沒有成交，一切為零

成交是銷售過程中不可避免的一部分，也是導致大部分人不想當銷售員的原因。其實，人們不喜歡的是「失敗」。如果人們知道除了當個咄咄逼人的討厭的說服者以外，還有更多更好的銷售技巧的話，就會有更多人願意來做銷售了。演示中往往可以看到四種銷售人員：

（1）回答問題的職員。沒有演示，沒有互動關係，除了

在被問到時提供幫助以外，什麼都沒有。他們不擔心成交，因為這不是他們想做的事。

（2）演示時既有互動關係又能提供幫助的銷售人員。但是，出於個人對銷售員職業的厭惡，以及不願成為「咄咄逼人型」，他們會在演示後讓顧客自己做決定。這一類型在顧客主動要求購買時可以表現得很好。

（3）強硬的成交者——沒有任何互動。說過「您好」之後，這類銷售人員基本上會直接要求達成交易。這是我們都討厭的一種人。

（4）專業的銷售人員。他們會帶領顧客經過一個合理的過程，包括完美的演示，之後再請求成交，作為一個順理成章的結尾。

我當然喜歡第4種。但是，我必須告訴你，商店裡的大多數銷售員都屬於第2種。如果是這樣的話，你還不如做一個強硬的成交者，因為提出成交總比不提出成交要好。

記住銷售員的天職

你站在這裡就是為了賣東西。我想不出你被聘用還有什麼別的理由。當然，作為公司的一分子你還負有其他的職責，但事實是：銷售是你的主要工作。要是一場演示不能使

顧客購買，那麼你的存在就毫無意義。如果是我經營商店，不提出成交的銷售員就應該盡快另謀他就。

「泡妞」與成交

既然你必須成交，因為那是你的工作，你也許會思考如何才能贏得成交的機會，這樣事情就容易多了。設想聚會上有位男士看到一位極有魅力的女士，他想認識她，就朝她走過去。他說：「我想聚會一會兒就要結束了，你想去別的地方喝一杯嗎？」她的回答是：「不。」幾次失敗之後，他便開始覺得今天碰到的女人們真是反覆無常。

再來看看另一種方式：

一位男士看到一位令他心儀的女士，決定要認識她。他先是和她建立了眼神交流，然後走過去打招呼。他選擇了簡單而真誠的問候語：「嗨，認識一下吧。你喜歡這次聚會嗎？」她回答：「是的。」他繼續問了幾個問題，例如「你叫什麼名字」之類的，他讓她說話。他是對她很感興趣，但不會去說「我叫麥克，我這個人呢……」之類的話。事情進展得很順利，他們喝了一杯，有說有笑。她覺得輕鬆自在，就告訴他她在哪裡工作，有什麼嗜好等等。對他而言，這似乎是神奇的一刻。這場雞尾酒會在晚上8點就結束了，時間還很早。現在是關鍵時刻：他花了一個半小時吸引一位富有魅

力的女性，而她就要走了。她告訴他和他聊天很愉快，並拿起了外衣和錢包。他說了「再見」，然後她離開了。

　　我不知道你有何感想，但我在說這個故事的時候都要掉眼淚了。為什麼他不邀請她出去喝杯咖啡，或要她的電話號碼呢？也許是他不想過於急迫？

　　這兩個場景都是銷售過程的開頭部分的絕佳例子。在第二個場景中，這位男士在開場、探詢和演示中都做得很好。但是，沒有成交。

　　第一個場景中，這位男士違反了我們所知的一切舞會交友法則，結果他失敗了。但在這兩個場景中，他們都失敗了。雖然說的是人，但這些故事裡的人際關係，和銷售真的太像了。

　　這兩個故事和銷售之間的主要不同是，在銷售中你最好是能成交，因為那是你的工作。但仍然不容易。

　　我個人從來不喜歡強迫成交的口氣。「現金還是刷卡？」這種話很糟糕，而且和我的風格完全不符。**在我的銷售生涯中，我一直不斷地努力讓顧客主動說「我要買這個」，而不是請求顧客購買。**但是話又說回來，你無法保證顧客會主動要求購買，所以我還是得承擔這個責任。

　　在研究中，我詢問了數千名銷售人員，問他們是否喜歡這種逼迫成交的做法。絕大多數情況下，他們都說不喜歡。

正是因為這樣，任何一家書店的商業書區都有成堆的書和成交技巧有關，卻沒有一本是關於開場、探詢或者演示的。也難怪顧客會懼怕銷售員，或是討厭他們的行為。

你已經快要成交了，現在該怎麼辦？

現在，你已經接近要成交了，而且不會遭到拒絕。可是該怎麼做呢？你當然可以使用各種技巧來促成交易，但在問出最後的成交問題之前，有一些重要的事情你需要考慮。我的問題是：「你該選擇什麼時機進行附加銷售，從而在主要產品之外再增加銷售額？」

第二職責：附加銷售

這裡的第一個邏輯問題是：

• 先成交主要產品，後進行附加銷售，還是先進行附加銷售，後成交主要產品？

這個問題的答案革命性地改變了人們的銷售方式和附加產品的成交數量。答案就是：以附加銷售的方式促成交易！

以附加銷售促成交易

1977年，我在印花運動服行業工作。我得到一個機會，

去拜訪一家生產車用音響的大型生產商。這家公司正在推廣它們的揚聲器（speaker），恰好需要T恤。我想到一個利用T恤來推銷他們公司揚聲器的想法，於是決定前去會面。我讓設計師畫了象徵揚聲器的橢圓，裡面是一隻鬥牛犬和一隻小鳥的形象。T恤上的標語是：「某某揚聲器──城裡最好的高音和低音」。我知道，和你一樣，他們不喜歡這個點子。但是，發生了一件有趣的事情。就在他們告訴我有多麼不喜歡這個創意之後，他們問我：下個月能否供貨給他們1萬件印有他們公司標誌的T恤！

　　一年以後，我在一家電焊用品店裡購買焊接器材（當時我很喜歡這類東西）。我認為我待在那兒或許能讓店主對於印花T恤產生興趣。我建議他購買一些T恤，上面印上這樣的標語：「無法振作？焊起來！」（Can't get your act together? Weld it），下面再放上公司的名字。前一句是1970年代的常用語，我覺得這件T恤應該會很棒。他不喜歡這個點子。儘管如此，他卻問我是否可以為他生產一些胸口印有他公司名字的T恤。

　　1982年，我已經創辦了佛里曼集團，並在一位客戶的傢俱店工作，教導員工如何銷售。當時我向一位顧客展示了一款非常昂貴的沙發，此時其他的銷售人員正想看看我是怎麼做的，還為此互相打賭。說實話，那時我沒能掌控局面。我

不僅沒有足夠的產品知識可供自如發揮，還非得想辦法讓顧客購買這種質料的這款沙發，而不是從300種材料樣品中找出她想要的那一種。我只是告訴她幾個特點、優點和價值，並且得到了積極的回應。我脫口而出問道：「您是否覺得那兩把椅子和那張桌子正好可以和您的新沙發搭配？」她說：「不用了，我就要這沙發！」

那天晚上，一些事情一直在我心中縈繞。我用試圖擴大交易的方式促成了這筆交易。我回想起以前Ｔ恤的交易，兩者是多麼相似。**你提供這個，而顧客會選擇那個。**我還注意到，我在達成交易時並沒有說「付現還是刷卡？」或「星期一送到您家可以嗎？」之類的話。然後，我又開始研究。經過不斷的演示練習，我和學會這個方法的其他銷售人員會在演示之後立刻進行附加銷售。結果，我們要麼將主要產品和附加產品一起賣掉，要麼只賣掉了主要產品。我們只是偶爾才遭到拒絕。

以附加銷售的方式達成交易，有很多好處：

（1）這是一種溫和、友好的成交方式，大多數銷售人員都能夠接受。

（2）你還有擴大交易的可能。

附加銷售：讓顧客買得更多

　　附加銷售是銷售人員所能做的第二重要的行動（第一重要的是成交）。這麼說有很多原因，以下是最重要的兩個原因。

1.對於新增的銷售而言，毛利潤就是淨利潤

　　假設你的公司以50美元購入一件商品，售價100美元。交易成功後所得為50美元。你從剩下的50美元中減去日常開支，如租金、工資、佣金、電話費、保險等。日常開支可能占了售價的30%，也就是30美元。這樣你從100美元的交易中得到了20美元的利潤。但如果你在同一位顧客身上賣出了額外的商品，你不用再次扣除日常開支，因為它已經在賣出第一件商品時扣除了。因此，你要扣除的只有成本和佣金。如果你在一位顧客身上只賣出一件商品，你也許可以在行業中生存；但當你能在每一位顧客身上都賣出額外的商品，你就能獲利，你的店就能壯大而生意興隆。

2.優秀的顧客服務

　　幾年前，我去一家五金店買錘子。我和一位銷售人員聊了起來，他向我展示了一把15美元的錘子。哇！這東西能做

什麼——替我釘釘子嗎？我抱怨15美元一把錘子似乎太貴了。他解釋說，這木頭來自某一種樹木，這鋼材如何如何，還有它組裝的方式不會讓鋼錘在捶打時掉下來，所以絕對沒有安全問題。

我在心裡微笑。這個傢伙為我做了一場關於錘子的精彩演示。我繼續抱怨那15美元，而他繼續讓我確信我的生活不能沒有這把「一流」的錘子。最後，我說：「好的。」任何了解我的人都知道，只要聽到「一流」這個詞，不論多少錢我都會買下它。我坐進車裡，帶著身旁座椅上那把漂亮的新錘子，得意洋洋地開車回家。我可能把它舉起來好幾次，就為了讓別人看見。我到了家，停好車，搭好梯子，然後準備幹活卻發現：沒有釘子！

那位銷售人員把我對價格的抱怨視為預算問題（我可能買不起），但對我而言，這是個價值問題（我認為不值得）。我剩下的錢買釘子綽綽有餘。但是不論哪種情況，保證我能在幹活時擁有一切必要的工具，難道不是優秀的服務該做的事嗎？

我去參加一次高中同學聚會（這又是一個催淚的故事），她也在那兒。她和高中時一樣漂亮，也許更漂亮。她就是我的夢中情人。我想去打個招呼，於是先去吧台喝了一杯好壯壯膽。我說了「你好」，又聊了幾分鐘後，我說以前

在學校時我一直希望能約她出去。她說：「那你那時候為什麼不約我？」噢！天哪！

　　我沒有約她的原因有很多，但是最主要的一個原因是：我害怕她會說「不」。當我們在 10 年後聊天時，她問我：「你為什麼替我說『不』呢？」為什麼？我確實這樣問自己，而且要是她說「是」會怎麼樣呢？

　　這兩個故事的關鍵在於：**如果你不主動去問，就永遠不會知道答案**。你還可以用一種更嚴肅的態度來看這個問題：我們有什麼權利代替顧客做選擇？你的義務是詢問，而不是代替顧客回答「是」或「否」。我們有幾句關於附加銷售的俗語，值得好好銘記：

> 大膽開口問，就會得到答案。
> 展示，展示，再展示，直到顧客自己說不！

　　你是否曾經走進一家店，在購買某件東西的同時，又發現了另一件你喜歡的東西？是否因為銷售人員始終沒有詢問你對於新東西的意見，你最後只買了第一件東西？

　　當然，即使每次都問，你也不能指望每個顧客都買一件以上的商品。但是，不主動詢問肯定賣不出附加產品。如果

每個銷售員每次都向每位顧客詢問是否購買額外的商品，那麼附加銷售就會增加，利潤也會增長。**如果你敢冒著顧客說「不」的風險，你會驚訝於他們說「是」的次數竟如此之多！**

附加銷售：試探成交的黃金法則

附加銷售，是指顧客實際購買的比他們原本打算購買的更多。也就是說，顧客想買一件商品，你不但把他想要的賣給了他，還多賣了兩件其他商品。當顧客表示他們不會花超過多少錢時，這個方法特別有效——當他們走出你的店時，他們可能已花了兩倍的錢。附加銷售是銷售當中最吸引人的部分，因為它充滿了樂趣。

附加銷售的首要目的是幫助你完成主要商品的成交；如果沒有達成交易，你的存在就毫無意義了。然而，這一技巧也為你帶來增加銷售量和提升利潤的機會。它事半功倍，因為附加銷售使你有機會向一位顧客賣出多件商品。它被稱作「黃金法則」，因為它能將試探成交轉變成黃金一般的利潤。

在購買的現場

比如說，一位顧客前來選購西裝。他清楚地表明自己最多只願意花 400 美元，但他卻看中了一件價值 550 美元的衣

服，這快讓他發瘋了。這位顧客試穿了那件更貴的西裝，它看上去就像是為他量身訂做的一樣。顧客感覺很好，毫無疑問他無法拒絕那件更貴的西裝。你看得出來，他已經決定必須擁有這件西裝了。

他走出試衣間，發現你正站在收銀台前，他說他要買這件550美元的西裝。現在是附加銷售的時機嗎？或者，你是不是對他感到抱歉，因為他比原先說的多花了150美元？

不，現在不是附加銷售的時機，因為這位顧客在決定購買之後，他的心理發生了一個奇妙的變化。假設是你看中了這件550美元的西裝，它比你這輩子買過的西裝都貴。你在試衣間裡猶豫不決，從各種角度看過鏡子裡的自己之後，終於說道：「啊，管它的，我要買。」這個時刻，你想的是什麼？是（a）考慮購買一切與這件西裝相配的東西；還是（b）感歎得要花多少時間才能製成這件西裝，你在面試時穿它會是什麼樣子，或者你是多麼迫不及待地想把它買回家在女朋友的面前展示一番。我想你會同意，選項（b）是最有可能發生的。經驗告訴我，此時此刻這位顧客最不想考慮的就是再多花錢了。

當試附加銷售的最好時機，就是演示剛剛結束之後，或演示正在進行之時。你一步步引導顧客，並完成了一場精彩的演示。你的顧客接受了產品，你也相信他將會購買主要產

品。當顧客逐漸動心且購買熱情達到頂點的時候，就是附加銷售的最佳時機。

附加銷售要趕在顧客做出重大決定之前

我們繼續以這位顧客和他550美元的西裝為例。他拿著衣服走進試衣間試穿。雖然他說過這件西裝已經超出了他的預期價格範圍，但他並沒有說他買不起，只是不想為一件西裝花那麼多錢。儘管如此，你還是看得出他十分滿意這件西裝的剪裁、質料的手感和上好的工藝，而你已經對這些做了演示來配合你在探詢中發現的需求。

他想像著自己擁有了這件西裝，但還是有些拿不定主意；所以，當他還在試衣間裡時，你就應該當機立斷，大膽行動。你挑選好和「他的」西裝相配的襯衫、領帶、襪子和手帕。當他走出試衣間或者還在試衣間裡（這樣更好）的時候，你向他建議：「您是否覺得這條領帶和這條手帕，和您的新西裝形成完美的搭配？」

你說了要他買西裝之類的話嗎？沒有，而且也沒有必要說，因為你所做的都基於一個假設：他已經買下了這件西裝。實際上，在開場白、探詢和演示過程中，你從未要求顧客做任何事。現在，你有一個不言自明的期望，你期望顧客做一件事，就是買下這件西裝。

打破可怕的停頓

　　試探成交就是問一個簡單的問題，使主要產品和附加產品都能賣出去。它是一個隱蔽的、面向顧客的提問，目的是保持你對於特定顧客及其需求的直接參與。採用這種方法向顧客提出你的專業建議，有兩個重要作用：其一，它能促進產品的成交；其二，透過提供顧客所需的一切產品，你提供了更好的服務。

　　幾乎每個銷售人員都經歷過與顧客達成交易時發生尷尬停頓的場面。你已經完成了整個銷售過程，指出了正在演示的產品具備的所有價值，也把產品和顧客的需求匹配了起來。你認為一切順利，但什麼也沒發生。這是銷售過程中最糟糕的時刻，可怕的安靜意味著銷售人員必須主動要求顧客購買。你可不能眼巴巴地指望顧客會說：「我要買下它。」

　　現在要做的就是試探成交，這是你完成任務的機會：達成交易並且附加銷售。你的簡單提問中所用的語言必須既把附加產品和主要產品連結起來，同時也把顧客的所有權與商品連結起來。在這個例子中，我們使用了「您的新西裝」一詞來達到這個目的。這類詞語不僅自動賦予了顧客對主要產品（即這件西裝）的所有權，還讓顧客有機會考慮購買與西裝構成完整搭配的飾品。

你給顧客六件商品，他們會買四件

以附加銷售的方式進行試探成交，不論何時都多多益善，這是個簡單而有效的理論。我記不得是誰告訴我下面這個故事，但這是個很棒的故事。它是關於一個拜訪流動漢堡攤的雞蛋推銷員。這位雞蛋推銷員詢問攤主，他在賣奶昔的同時是否能賣出許多雞蛋。攤主的回答是否。推銷員指出，加了雞蛋的奶昔比沒加雞蛋的奶昔可以賣得更貴。如果顧客說「我要一杯巧克力奶昔」，他建議攤主詢問：「您要一個雞蛋還是兩個雞蛋？」我想你已經知道結果了，他賣掉了很多雞蛋。

最近我與澳洲的客戶合作，他們主要銷售電器。我向他們提議：拿出一種四節裝或八節裝的高價鹼性電池，然後對顧客說：「我推薦這個。」這樣就能讓他們的電池銷量翻倍。這種做法會讓顧客在說「不」時感到壓力。不過事情看起來似乎是這樣：如果你給顧客六件商品，他們會買四件；如果你給四件，他們會買兩件；如果你給兩件，他們就買一件。不可思議的是，**當你向顧客提供額外數量的商品時，他們最終還是會買下其中一些**。這種情況非常多。每一次顧客購買額外的商品，商店就能額外獲利，你的佣金也會增加。

試探成交的架構

　　下面的五個步驟是一個試探成交的過程，還可以幫助你賣出額外的商品。這些步驟很容易學，能讓你在成交時獲得樂趣。

1	2	3	4	5

[您是否覺得]這兩件[很搭的][領帶和手帕]可以和[您的新西裝][組成完美的搭配]？

第1步：您是否覺得……

　　「您是否覺得……」以這樣的開頭能確保你以問句的形式提出試探成交。與急切的要求不同，這種試探成交以一種謙遜的措辭開頭，聽起來像是一個友善的發現式提問。

第2步：增強效果的形容詞

　　「……很搭的……」在介紹附加產品出場之前使用。你可以發揮想像力，用語言描繪它。把附加產品描述成能為主要產品錦上添花的東西，它是實用、特別或必不可少的，而且正好落在你的顧客所說的需求範圍。請你比較下面兩種說法：「您需要什麼甜點嗎？」以及「我們有一些熱蘋果派，絕對美味。」仔細體會它們的不同之處。

第3步：附加產品

　　「……領帶和手帕……」假如你在探詢中得知，顧客前

來購買西裝是為了一次重要面試，於是你仔細挑選了一些飾品，建議他作為附加產品一同購買。你沒有推薦任何老套的領帶和手帕，而是為他挑選了與那件很棒的西裝十分相配的精緻飾品。

第4步：假設擁有

「……您的新西裝……」加上「您」或「您的」這個詞，透過讓顧客自動擁有產品，把顧客與主要產品連結起來，也給顧客一個機會，看一看附加產品是如何給「他的」新買的產品錦上添花。

第5步：必須擁有

「……組成完美的搭配」這一句話能促使顧客感到附加產品對於主要產品而言是必不可少的。如果我說這些飾品能和西裝一起「組成完美的搭配」，那就暗示著，儘管這件西裝穿在顧客身上既帥氣又好看，但是如果沒有這些飾品，他的形象仍是不完整的。這會讓你的顧客覺得「必須擁有」這些附加產品。

這種試探成交的技巧與「您還要點什麼？」或「您願意買條新領帶嗎？」之類的問法有天壤之別。那些老掉牙的句子可以退休了。你不會因為顧客的反應而尷尬，顧客也不再會因為陳腔濫調而昏昏欲睡了。試探成交是一種如此簡單有

效的方法，它幾乎不需要培訓，但有趣的是使用這種方法的人少之又少。

你不推銷，顧客就不會購買

幾年前，美國運通公司派出了一組志願者，他們的任務就是買、買、買。他們花錢的數量沒有最高限額，唯一的限制是：當銷售人員停止推銷時，他們也必須停止購買。

毫不意外，這個實驗結果是這樣的：在所有銷售人員中，60%的人嘗試銷售了第2件產品，25%的人繼續嘗試銷售了第3件產品，只有5%的人要求顧客購買第4件產品。這其中最具意義的統計數字是——**只有大約1%的銷售人員嘗試了5次和5次以上的銷售。**

另一項研究是在某著名大學進行的，20個學生每人攜帶100美元，被派往一個大型購物中心。他們被要求去某商店購買一些便宜的商品。如果銷售人員試圖賣出額外的商品，他們就買下它。然後，他們要繼續買下每一件銷售人員推薦的商品，直到推薦停止或鈔票用光為止。結果，所有學生都只帶著零錢回來。

什麼時候你的雙腿會開始顫抖？500美元，1,000美元，還是5,000美元？記住，是你的胃口大小和你的顧客能買得

起什麼商品共同決定了你能走多遠。**如果你不敢主動要求，你永遠也不會靠賺佣金而發財。**

銷售員只有兩種選擇：要麼達成交易並嘗試附加銷售，要麼就不要再自稱自己是銷售員。剛開始這的確很難，每一次提問都能把5個部分都包括進去的銷售員更是少之又少。所以，只要你掌握了技巧並要求成交，結果通常都不壞。想做到既行動果斷，又說得自然，並不總是那麼容易。多加練習會大有幫助。記住，如果你不繼續推銷，推銷，再推銷，顧客就不會買、買、買。

掌控局面的方法

當你運用試探成交時，你就讓自己掌控了這項交易。你是最終決定演示結果的那個人。你知道你從哪裡來，下一步往哪裡去，也知道怎樣才能到達目標。你掌控著局面，你的這種確定感會帶給你所需的信心去完成交易。

掌控局面的方法之一就是要知道：對於試探成交，你得到的回答只有三種：

（1）顧客會只購買主要產品。

（2）顧客既會購買主要產品，也會購買附加產品。

（3）顧客會對購買主要產品提出異議。

　　如果你的顧客已經決定購買主要產品，也同意購買附加產品，那麼你不僅獲得了勝利，還是雙倍的勝利。如果你的顧客說他願意看看你推薦的附加產品，那麼你可以假定他已經同意了購買主要產品。

　　即使顧客不願意看附加產品，你仍然能夠假定他同意購買主要產品。否則的話，他也會對主要產品說「不」。

　　不論是上述兩種情況中的哪一種，你都已經達成了交易。你掌控了局面，因為是你讓這一切發生的。

　　即使出現第三種情況，即顧客對購買主要產品提出異議，你的處境仍然比想像的要好。你的顧客可能會說「我想到附近再看看」、「價格太貴了」或「我要再考慮一下」之類的話。銷售員經常會聽到這樣的拒絕（下一章會詳細討論），顧客會在你演示的任何時候說出這些話。

　　顧客提出異議時，如果你沒有準備好如何應對，就會被弄得措手不及。儘管如此，在試探成交的過程中，你就是在尋找拒絕，因為如果障礙仍然存在，交易就無法達成。**當你學會操縱整個過程，使自己在聽到顧客的拒絕時有所準備，你就仍然掌控著局面。**

如何推銷不相關的附加產品

　　有了更多試探成交的經驗之後，你也許希望向顧客推薦

某些與主要產品毫無關係的附加產品。也許是在探詢過程中，顧客說的某些話把你的思路引向了另一個完全不同的方向。**在推銷不相關的附加產品之前，要讓已售出的主要產品從顧客面前消失。**

告訴顧客你要「把這個放到收銀台去」，然後把主要產品移出他視野之外。當顧客允許你這樣做，他就是進一步確認了購買主要產品的決心，這也意味著他認可了你達成交易的假定。一旦主要產品從視野中消失，你就可以將心力集中於附加產品，而不必擔心顧客會覺得過度購買。如果主要產品體積太大難以搬到收銀台，那就拿掉產品標籤或標價，在訂貨單上寫下SKU（最小銷售單位），諸如此類的事情也能達到效果。

練習，練習，再練習

自如地運用試探成交的唯一方法就是多加練習。遣詞造句不要太複雜，要使用輕鬆的、聊天的語言，這樣你就不會語無倫次。你可以用店裡的任何一件商品來練習。以下是不同的行業中的幾個例子，可以讓你對此有一些了解：

- 「您是否覺得這個超輕的球拍正好可以送給您太太，這樣您在使用您的新球拍時她也可以有一個？」

- 「您是否覺得這些非常好用的電鑽配件可以讓您的新房門安裝起來更加簡單？」

- 「您是否覺得這條時尚的手鍊會讓您的新手錶顯得更漂亮？」

- 「您是否覺得這套特殊配方的皮革保養套組可以幫助保養您的新皮包？」

- 「您是否覺得一個方便的保溫蓋能讓您的新Spa設備開關更容易？」

- 「您是否覺得一個防水的狗舍可以保護您的狗狗免得被雨淋？」

- 「您是否覺得一個外套或外殼可以讓您的新MP3播放機不會因為意外碰撞而損壞？」

從便宜的商品開始推銷

在將試探成交融入你的專業表演並將之轉化為你自己的風格之前，你可以考慮先推銷一些便宜的附加商品，然後再逐漸嘗試價格更高的商品。你可以從推薦小件的商品開始，即使不成功，你也不會冒很大的風險，自信心也不會受到打擊。下面是一些例子：

- 「您是否覺得這種特殊配方的鞋油有助於保護您的新

鞋？」

• 「您是否覺得這個顏色很搭的床罩能夠襯托您的被子
並營造出您想要的氛圍？」

熟練之後，你會發現附加產品不一定非得比主要商品便
宜。人們對於不同類別的商品往往會分開考量。例如，對很
多顧客來說，買衣服和買鞋子各有各的預算。顧客購買珠
寶，這和他們想要擺在餐具櫃裡的水晶餐具也沒有任何關
係。但是，這兩個例子中的無關商品都可能在同一家店裡找
到。

當你的技巧提升之後，你也許想要嘗試推銷一些和主要
商品無關的附加商品，甚至是和你在探詢中的發現完全無關
的商品。不斷提高的能力和隨之而來的自信會幫助你「知
道」，對於來到你店裡的每一位顧客，應該推薦哪一種附加
產品。現在看來也許是遙不可及的目標，但當你能夠向一位
購買手錶的顧客推銷一件禮品的時候，這就幾乎變成了一種
直覺。當你能在賣出一個15美元的撐腳架之後，再附加賣出
一輛3,000美元的自行車，那麼你就懂了！

無論附加商品是否需要主要商品的存在，記住，是你在
掌控局面。你主導了銷售過程，讓顧客決定購買主要商品。
你成功完成了試探成交，所以顧客同意考慮購買附加商品。

你沒有理由不繼續附加銷售第3件、第4件，甚至第5件商品。

　　儘管試探成交無法讓每個顧客每次都購買附加商品，但它仍然是用以銷售主要商品的最簡單、最容易的方法。如果你說：「您是否覺得一個設計獨特的球拍套可以保護您的新網球拍？」顧客回答：「不，我只要網球拍。」那麼你就達成交易了。

　　如果顧客說「是的，我想看一看那個球拍套」，那麼你就快要賣出一件附加產品了。如果顧客既要了網球拍也買了球拍套，你為什麼不說：「您是否覺得這套和您十分相稱的網球裝會讓您在使用新球拍時更像一個職業球員？」

　　展示，展示，再展示，直到顧客說不！

要點回顧

- 當銷售人員在推銷中使用陳腔濫調，當然會越來越厭惡（害怕）成交。

- 常規的試探成交讓銷售人員和顧客都感到乏味。沒有必要使用傳統的試探成交方式，它只是用來判斷顧客是否決定購買某件商品。

- 如果你的演示做得非常出色，顧客就會準備購買，你就能從表演時間直接進入附加銷售時間了。
- 對於新增的銷售而言，毛利潤實際上就是淨利潤。
- 專業銷售人員的職責是：每次與每位顧客都達成交易並嘗試附加銷售。
- 「試探成交的黃金法則」之所以得名，是因為它幾乎總是能獲利，還能消除你對於成交的負面感受。
- 試探成交使用了一個由五部分組成的、簡單自然的問句。這五個部分是：您是否覺得……，增強效果的形容詞，附加產品的名稱，假設擁有，必須擁有。
- 當你假定顧客將會購買主要產品後，最有效的時機是在演示結束後立即運用試探成交。
- 當你運用試探成交時，你就是讓自己掌控了這項交易。你是決定演示結果走向的那個人。
- 試探成交的回答只有三種：顧客會只購買主要產品；顧客既會購買主要產品，也會購買附加產品；顧客會對購買主要產品提出異議。
- 如果你的顧客說她願意看看你推薦的附加產品，你可以假定她已經同意購買主要產品。如果她拒絕看看附加產品，你仍然可以假定她同意購買主要產品。
- 當你有了更多試探成交的經驗之後，你可以推薦一些

與主要產品毫無關係的附加產品。在推斷顧客將會購買主要產品後，把「已售出」的產品從顧客面前拿走。

- 無論附加商品是否需要主要商品的存在，記住是你在掌控局面。你沒有理由不繼續附加銷售第3件、第4件，甚至第5件商品。

- 儘管試探成交無法讓每個顧客每次都購買附加商品，但它基本上保證了至少能賣出主要商品。

- 在將試探成交融入你的專業表演並將之轉化為你自己的風格之前，你可以考慮先推銷一些便宜的附加商品，然後再逐漸嘗試價格更高的商品。

- 更加熟練之後，你會發現附加產品不一定非得比主要產品便宜。你可以嘗試推銷一些與主要商品毫無關係的附加商品。不斷提高的能力和隨之而來的自信會幫助你「知道」對於來到你店裡的每一位顧客，應該推薦哪一種附加產品。

- 記住推銷員的這句口訣——展示，展示，再展示，直到顧客說不！

第六章

處理異議的原則和技巧

如果我能創造出理想的銷售場景，你就可以把這一
章當作消遣，而不是學習。

你已經完成了試探成交，而且：

- 你知道如何從表演時間直接進入附加銷售時間。
- 你的試探成交使你掌控了局面。
- 你不斷地展示，展示，再展示，直到顧客說不！

但是很多銷售人員仍然將顧客的異議解讀為沒有成交。他們認為，不願意購買就意味著顧客拒絕了這商品，也回絕了我們。實際上，自從世界上第一個推銷員開始賣東西以來，顧客就開始提出異議了，而且提出異議的理由就像天上的星星一樣多不勝數。

> 異議在零售遊戲中司空見慣，但它並不一定意味著你失去了這次機會。

除非你能夠用策略和技巧敏銳地處理顧客的異議，否則它將會妨礙你達成交易。我寫作這本書的目的，就是要教你成功的銷售過程。這個過程中的每一步都十分重要，但是，如果你的開場白、探詢和演示都做得很好，那麼這一章就是最不重要的一章。但如果你沒能做好前面幾步，那麼這一章可能就是最重要的一章。如果你已經認真地研究過前面幾章，現在是時候可以放輕鬆了。

你要的是業績和佣金

零售，有著悠久的歷史；從幾千年前世界上第一個市場誕生以來，人們就一直在做這項工作。透過運用個人技巧和個性特點來應對顧客，所有銷售人員都或多或少形成了一套屬於自己的銷售方法。透過不斷的嘗試和犯錯，有些人找到了有效的方法，有些人沒能找到。然而就今天這個時代而言，試錯法的代價未免太高了。

假設有500人住在一座孤島上，完全與世隔絕。有一個

人生了病，這就立刻需要有人來擔任醫生的角色。有一個人自告奮勇地接受了這個任務。病人側過身子說：「我的肋部很痛。」擔任醫生的人猛拍病人的肋部，那病人就死了。這位「醫生」記下筆記，當病人說肋部疼痛時，絕對不要拍打疼痛的部位。

經過許多年，這位「醫生」遇到了許多身患不同疾病的病人，為了治癒他們，他嘗試了很多不同的方法。在他試圖用試錯法解開醫學謎團的過程中，許多病人死去。每一次犯錯，他都會記下筆記。

一天，又有一人因為類似的肋部疼痛前來看病，「醫生」透過手術從病人的體內取出了一小塊發炎的東西。真是奇蹟中的奇蹟，病人活了下來。「醫生」把這件事寫進了他的筆記本。

最終，這位「醫生」也死了，另一個人繼續擔任「醫生」的角色。這位新「醫生」有兩個選擇：一切從頭開始，在每個前來就診的病人身上用試錯法實驗；或是閱讀其他「醫生」的筆記本。

為了節省時間，我將列出一個精確的方案，它能讓你化解顧客的異議，成交機會更高。不用介意你將遵循其他人的筆記行事，你要的是業績和佣金，不是智慧財產權。別去做那些重複的無謂之事。如果人類必須以嘗試犯錯的方式學習

生活中的一切事物，那我們可學不了多少東西。

　　儘管如此，有些人還是拒絕閱讀「別人的筆記本」。即使讀了，他們也不願運用從中學到的東西，或他們會放任自己重回到熟悉但無效的老路上。這本書中的銷售技巧，特別是這一章中的技巧，是對我們社會中傑出的銷售人員（從零售商到批發商，從宗教思想傳播者到哲學思想傳播者）的所作所為進行深入研究的結果。

　　對於在零售店裡應該如何成功銷售，所有這些銷售專家都做出了貢獻。他們的成就和經驗在本書中被提煉為一個精確的方案，用於應對顧客的異議。請你仔細研讀本章，學習這個方案。在某些情況下，你可以按照我所說的一字不差地使用這個方案。這樣一來，你自然能夠避免無謂的錯誤。

為什麼顧客會出現異議

　　在所有推銷技巧中，處理異議的過程應該是最神祕的了。這也是大多數銷售人員會遭受挫折的領域。記住這條真理：大多數時候人們會出於兩個原因而購買：信任和價值。如果這兩點確實是你的顧客購買的原因，那麼由此可知，他們拒絕購買的原因就是缺乏信任和價值。

　　如果顧客信任你這個銷售員，那是一種額外的獎勵；但

是，就像我在演示中說的，如果沒能建立起商品的價值，光憑著信任是無法讓你達成交易的。同樣，如果顧客無法信任你，想達成交易也很困難。不管哪一種情況，你都會遭遇顧客的異議；不過，比起顧客對你缺乏信任的問題，解決顧客的價值判斷問題要更容易一些。

你做得還不夠

如果顧客不願購買是因為她認為商品缺乏價值，她是在告訴你，她的需求或購買欲沒有得到滿足。她沒能被你說服或你沒有給出充分的理由，使她今天能對這件商品做出正面的決定。如果顧客不願購買是因為她不喜歡你，那麼你很可能沒有成功地建立理解和信任，甚至沒能消除她的抗拒心理。

「我會再過來。」

「我想再逛逛。」

「你能為我保留這個嗎？」

「我不太確定，真該帶我太太（或先生）一起來的。」

這類異議被稱為「托詞」，當顧客對於說出異議的真正原因會感到不舒服或尷尬，常常就會使用這類「托詞」。

不論你的工作做得是好是壞，許多顧客都很難說出他們

的真實感受。諷刺的是,在與顧客建立信任的過程中(特別是在探詢過程中)你做得越好,他們就越難說出他們提出異議的真正原因。他們會為了說「不」而感到內疚,因為你已經和他們建立了情感共鳴,而他們也不想讓一個新朋友失望。

相反地,如果你建立信任的工作做得不好,你可能會更強烈地感受到顧客的異議,而且顧客會為了離開店裡找出任何藉口。當顧客缺乏對銷售人員的信任時,即使你能夠發現她提出異議的真正原因,想要打消她的購買疑慮也總是更困難。一個不信任你的顧客會對你千方百計應對其異議的行為感到厭惡。

我想到處看看

你遇過那種會說「我會再過來」的夫婦嗎?你一定記得他們吧。他們喜歡你推薦的水晶餐具,還說他們會「再過來」。現在他們帶著「到處看看」先生一起回來了(還真的來了),這位先生認為你店裡有很多優質的皮件,不過他需要「到處看看」。

有時候,**顧客對購買商品猶豫不決是一種防禦機制,其目的就是延遲做出決定**。花錢對於我們任何人來說都不容易,所以憑什麼認為顧客花錢很容易呢?記得有一次我與一

位珠寶商客戶一同工作時，我非常喜歡他店裡一支非常昂貴的手錶。我對手錶有那麼一點癡迷，當時我大概已經收藏了16支手錶，但這支錶可以算得上是「一旦擁有，別無所求」。我熱切地想得到它，也知道我可以為購買它找到一個適當的理由。但是，直到3個月後我才終於下定決心。當我再次撫摸那支手錶並感歎我是多麼希望擁有它的時候，店主說道：「你不是真的想要它。」我問：「你這是什麼意思？我當然想要了。」他說：「如果你真的想要它，它早就是你的了。」一語中的。我立刻讓店主選好合適的錶帶，戴著它回了家。

這世界上還有很多人不會做決定。我的一位員工的丈夫就是個典型的例子。在餐館吃飯時，他總是最後一個確定菜單的人，因為他永遠無法決定要吃什麼。我們都碰過這種人：決定不了看什麼電影，決定不了去哪兒吃飯、吃什麼、喝什麼、早上起床穿什麼衣服、買什麼樣的禮物送人，等等。儘管如此，絕大多數顧客的異議還是銷售員在銷售過程中已做的和未做的事情導致的。

很多顧客確實希望在做決定之前先到處看看。但是當你聽到「我想到處看看」的時候，你無法知道他們是真的想這麼做，還是他們已經逛過別的店了。他們可能習慣了借用這句口頭禪使自己從店裡脫身，也可能他是用和在前一家店時

一樣的方法來對付你。

另一種情況是，顧客可能借用「我想到處看看」或「我要仔細考慮一下」之類的話來撒個小謊，而真實原因可能是商品的價格太貴了。如果是這種情況，即使你花上一整天時間爭取顧客，但由於找不到真正的問題所在，你永遠也無法達成交易。正因為如此，你不能只從表面意思來理解顧客的語言，而要努力發現真正的異議，這一點對你至關重要。

人人都會撒謊

我們都曾撒過小謊說我們還會再回來，其實並沒有回來的打算。我們都曾說過是因為顏色不合適，而實際上是價格太貴了。有些人會盡一切可能確保銷售人員不失望，例如問銷售人員「你們什麼時候關門？」或「你明天會上班嗎？」——所有這些方法都是為了讓銷售人員保有希望，儘管我們並沒有回來的打算。還有些人甚至承諾會帶著配偶再來，可實際上他們根本沒有另一半。商場裡每天都在發生這些事。但是，當顧客對我們這麼做的時候，我們還是會相信他們。如果我們自己在購物時對銷售員是這麼做的，那麼顧客有百分之百的可能也這麼做。

假如你已經完成了探詢、演示和試探成交，那麼顧客對購買提出異議的真正原因就是他們覺得這件商品：

- 可能隨著技術的進步而過時。
- 沒有正當的購買理由，因為它超出了他們的需要。
- 不值這個價錢，儘管他們喜歡它。
- 要價比他們出得起的更高。
- 不具備他們需要的所有特點。

他們可能不知道自己要什麼

　　顧客常常不能確定自己想要什麼，更無法對你說清楚連她自己也不知道的東西。如果顧客說這個瓷器不夠雅致，那就找一個更雅致的給她。在演示中你也許不得不試上好幾次，才能發現讓顧客感興趣的東西。**滿足顧客的需要是你的工作，即使顧客也不確定她想要什麼。**記住，你要在整個過程中保持高度的熱情，還要在顧客無法說清自己需要什麼時避免表現出沮喪的表情。

　　不管是顧客不想說不願購買的真正原因，還是她真的不知道要買什麼，我們只有查明了真正的原因才能處理她的異議。我們必須堅持不懈但不急迫地讓顧客告訴我們，她為什麼對購買猶豫不決。直到知道了顧客對商品的真正感受，我們才能完成交易。

理解顧客的感受，但不必認同顧客的異議

　　有些爭強好勝的銷售人員似乎認為，處理顧客的異議就是與顧客爭辯，或是死纏爛打直到他們屈服為止。某些銷售培訓師甚至建議你無視於異議繼續完成交易。儘管如此，許多銷售人員還是會怕自己說話過於逼迫，結果沒有試著去找出產生異議的真正原因，更別提應對它們了。

　　成功地處理異議幾乎完全取決於銷售人員與顧客合作的能力。這種能力是全面理解顧客的感受和設身處地為顧客著想的能力。它還意味著你不應該把商店和顧客對立起來，變成一個「我們對抗他們」的局面。恰恰相反，你要讓自己站在顧客這一邊，時時對顧客關切的事保持敏感。

　　第一次走進店裡就爽快地花掉 5,000 美元的顧客十分罕見。這種事確實有過，但大多數人在做出重大購買決定之前確實需要仔細考慮一番。某些情況下，花費 50 美元甚至 25 美元也事關重大。

　　我永遠不會忘記銷售生涯中最讓我慚愧的經歷之一。我當時正在帶一位購買金項鍊的女士付款。那條項鍊無疑是世界上最細的金項鍊了。我的意思是，如果你朝它吹口氣，它恐怕就會斷了。這條黃金項鍊是 14 克拉，而零售價只有 24 美元！這位女士非常激動地拿起項鍊，好像它價值 1 萬美元

一樣。她說這是她有史以來為她丈夫買過的最貴的禮物。天哪！我還在這兒想這是有史以來最便宜的破爛貨，可是她卻得意洋洋地要把它送給丈夫當禮物。真該慶幸，我不是最一開始和她接洽的人，否則我可能會推銷給她一款更男性化、更重的項鍊，那價錢會嚇得她直接跑到西爾斯百貨的內衣部門去。

如果你能夠讚賞顧客對於價格的態度，那就說出來。如果她說價格太高了，你要理解她的感受。要讓你的顧客知道，你也關心她關心的事。

這一章的內容是多年研究的成果，目的是教大家處理顧客異議的明確方法。與處理銷售過程其他方面的手段不同，你需要盡可能地遵循這個方法。下面六個步驟可以用來應對顧客的幾乎任何異議，而且這樣做可以讓顧客感受到你支持他們，進而覺得你的服務很棒。

第1步：傾聽完整的異議

不要打斷顧客說話，因為這樣做暗示著他說的話無關緊要，不值得傾聽。如果你讓他把他關心的問題說完，你也許會發現他只是在做出購買決定之前抱怨一下而已。

顧客：哇，這實在是太貴了。

（銷售員在開口說話之前等了幾秒鐘。）

顧客：嗯⋯⋯我決定買了。

誰知道呢，一切皆有可能！

第2步：承認異議

如果顧客想去別處看看，或是他覺得價格太高，或是他要跟太太商量一下，你是否能理解或贊同這些做法？你的顧客要是知道你能理解他的擔憂，他肯定會高興的。透過逐字重複他的異議，在前面加上「我理解⋯⋯」或「我贊同⋯⋯」，你就讓自己站到了顧客這邊。為了進一步強調你的理解，你可以在承認異議之後再加上一個反問。

異議：我下次再來。

承認：我理解您希望以後再來。這是個重要決定，您想要做出正確的選擇，不是嗎？

異議：我需要和我太太（先生）商量一下。

承認：我贊同您先和您太太商量一下。您想確保你們都對您的選擇感到滿意，對嗎？

異議：我真的應該回家先量一下尺寸。

承認：我理解您需要先量一下尺寸。您想確保它的大小正好合適，不是嗎？

第3步：請求許可後再繼續

在進一步詢問顧客之前，我認為最禮貌的方式是先請求許可：「我可以問您一個問題嗎？」在某種意義上，你是在請求繼續對話的許可。

第4步：您喜歡它嗎？

你可能要問好幾個問題才能揭開真正的異議原因，但是第一個問題永遠是：「您喜歡這件東西嗎？」這樣一個直接的問題常常會鼓勵顧客打開話匣子，告訴你他心裡真正的想法。

第5步：問題檢測

在演示中，你已經展示了產品的特點、優點和價值。在這一步中，你要再次強調這些重點，以確認顧客是否仍然認為它們符合他的需求。

第6步：向顧客詢問價格

如果沒有意外，這個問題要永遠擺在最後，而且要以非威脅性的方式提問：「您覺得這個價格怎麼樣？」

以下的例子能讓你對第2、3、4步在實際對話中的情形有所了解。注意這個流程是如何使你與顧客的反應保持一致的。記住，在「按照劇本唸台詞」時表現出善解人意是很重

要的；只需稍加「彩排」，你的表演就能贏得奧斯卡獎了。

異議：我得和我太太商量一下。

承認並反問：我當然贊同您這麼做。你們兩位都喜歡是很重要的。你們倆都希望因為買到它而感到高興，不是嗎？

回答：哦，是的。

請求許可：不過在您離開之前，我可以問您一個問題嗎？

常用提問：您喜歡它嗎？

很多銷售員一聽到異議，就會放棄努力，隨即遞上自己的名片說：「您可以找我。除了星期三我每天都在這兒。」如果你送出名片讓這位潛在顧客離開的話，他就不太可能再回來了。如果他確實回來了，也多半會在星期三——正好是你不在的日子。

當顧客說他們必須問一問先生或太太、想再四處看看或者回家量尺寸時，有些銷售人員會感到生氣並變得好辯。他們其實想說：「你就從來沒有自己決定過事情嗎？」但是最終他們會說：「我們的價格是這裡最好的。不如我這就給您開發票，您把它帶回家送給您太太不好嗎？」銷售人員生氣或沮喪的情緒會刺激顧客也產生同樣的感受。

承認顧客的感受能促使顧客讚賞你是個善解人意的人。但是，你必須小心不要越界，即「承認顧客的異議」與「認

同顧客拒絕購買的理由」這兩者之間的界線。你可不能自己說：「您說得對，您是應該先去別處看看」或「我同意，這東西的確太貴了」。

你需要理解顧客的感受，但不必認同他們的異議。

到目前為止，我們已經承認了異議，得到了提問的允許，並問了「您喜歡它嗎？」這個問題。如果顧客回答「是的，我喜歡它」，他就完成了自我確認的任務，這就向交易成功邁進了一步。如果顧客說他不喜歡這件商品，或者他說喜歡但不是很確定，那就找出他不喜歡的原因，然後解決那個問題。

假如你問顧客：「您喜歡這個支架嗎？」顧客的回答是：「哦，還好。」這是個十分危險的訊號，它是在亮起紅燈警告你：現在發生的事情對你的銷售很不利。

如果顧客的回答是「還OK」，甚至只是隨口說「是」的話，那可能是你在探詢過程中漏掉了某些重要的資訊，或是顧客不知道自己需要什麼。如果你想挽救這筆生意，你就必須再次探詢去發現遺漏的資訊，或者透過「試錯」方式讓顧客釐清他的需求。

你有兩個選擇：或者再進入「問題檢測」步驟，或者利

用一次絕佳的機會縮短整個銷售過程。當我聽到「還OK」或「還可以」的時候，我會立刻這樣回敬：「等一等，我可不賣『還OK』的東西。告訴我哪裡有問題。」說話時要充滿關心，再眨一眨眼，這方法十之八九都能成功，而且顧客會透露他們的真實想法。如果這不管用，那麼「問題檢測」就是最好的策略。

問題檢測策略

在探詢中，你已經判斷出顧客需要這件商品的個人原因：他準備送禮、他一直都想買一件、或者他的鄰居有一件，等等。你在演示FABG（特點—優點—價值—反問）的時候利用了這些資訊，還細心地使商品與顧客的需求相匹配。

我們已經知道，對商品提出異議的顧客常常覺得難以說出他們的真實想法，他們給出的原因幾乎都是藉口。現在，我們必須檢測出是什麼在困擾他們。我們必須弄清楚，我們所演示的商品的價值，那些他們聲稱他們想要的價值，是否確實是他們想要的。要做到這一點，我們必須重新審視這些FABG。

這張椅子的第一個特點是它是傳統風格，它和顧客家裡

的各種傢俱搭配都很好看。第二個特點是，它的坐墊填充的是天鵝絨，坐起來非常舒服。

試探成交

銷售員：您是否覺得當您在您的新椅子上休息時，這個很搭配的腳凳可以讓您更舒服？

異議

顧客：你知道，我真的覺得我應該再仔細考慮一下。

承認並反問

銷售員：我完全理解您想再考慮一下的想法。當您為家裡挑選一件漂亮的傢俱時，您想確保您做的是正確的決定，對吧？

回應

顧客：是的，當然了。

請求許可

銷售員：我能問您一個問題嗎？

顧客：好的。

問題檢測

銷售員：您喜歡這張椅子嗎？

回答

顧客：它很好看。

支持

銷售員：是的，它很漂亮，不是嗎？能找到一把像您說的那樣舒適的椅子是很難得的。

問題檢測

銷售員：那麼，您覺得它的這種傳統風格如何呢？

回答

顧客：哦，我覺得它非常合適。

支持

銷售員：根據您對家裡其他傢俱的描述，我認為這把椅子是完美的搭配。

問題檢測

銷售員：那您覺得這種天鵝絨的坐墊怎麼樣？

回答

顧客：好吧，實際上，我有點擔心我兒子會過敏。

原來如此！她的異議絕不是「還要仔細考慮」，在重新

檢查了商品價值後，我們找出了真正困擾她的問題。這是個典型的顧客反應：出於某種原因，她沒有如實說出心中真正的問題所在，直到我們把它找出來為止。不過，一旦你認定了羽絨填充物是這位顧客反對意見的來源，你可以透過繼續提問來找出原因，或者，用我們的話說就是「搞定它」。然後，你就可以給她展示適合她的其他填充材料的坐墊了。

在處理異議的過程中，先不要去提預付訂金購買法（layaway）或分期付款等等問題，因為你還不知道這是不是個預算問題。如果顧客不喜歡這件商品，那麼即使是價格便宜、最後一件庫存，或者可以分期付款，都無關緊要。讓我們來看看，剛才那個例子可以怎樣被破壞掉：

試探成交：您是否覺得當您在您的新椅子上休息時，這個很搭配的腳凳可以讓您更舒服？

異議：你知道，我真的覺得我應該再仔細考慮一下。

銷售員：您不如現在就預付訂金購買，這樣您就能確保得到它了。這可是我們庫存的最後一件了。

顧客：哦，不是這樣。我明天早上會做決定的。我得仔細考慮一下。

然後她就到另一家店尋找沒有羽絨坐墊的椅子去了。

如果顧客一直對你展示的商品的某個特點提出異議，這

經常是由於探詢過程中溝通不夠所造成的。例如，顧客提出的具體反對意見可能是她不喜歡戒指上寶石的形狀，或者不喜歡地毯的顏色，又或者鞋子對她來說不夠正式。如果你能從探詢中得到準確的資訊，就不必浪費精力展示顧客不喜歡的商品了。

如果你想弄清楚顧客腦子裡在想什麼，現在就是最好的時機。在找出了真正的異議並說服顧客之後，剩下的才是支付方式的問題。

當顧客抱怨價格太高時

在詢問價格問題之前，對一切可能存在的潛在障礙進行檢測是非常重要的。如果顧客唯一關心的是某個特點會如何使他受益的話，你只需解決這些問題，完全不必詢問價格是否合適。產品的價格最好放在最後說，要在確定沒有其他問題之後再提出。

先對在演示中給出的每一組FABG都進行問題檢測，然後再提到價格。由於顧客可能不願意直白地談錢，甚至會對此感到尷尬，你需要以一種無威脅性的方式提出問題：「您覺得這個價格怎麼樣？」

顧客的回答自然是價格太高或價格合理，沒有人會抱怨

價格太低。如果顧客認為價格合理，而且你已經和她建立了信任關係，那麼問題一定在於價值缺失。你可以藉由贊同顧客對價格的看法，來承認顧客的感受。然後向顧客解釋你的商品很有價值，讓你的顧客理解這一點，對你來說非常重要。接下來，就該拿出你最有效的武器了。

銷售員：您覺得這個價格怎麼樣？

顧客：哦，還好。

銷售員：我很高興您這樣說。我們很為自己的定價感到驕傲。我們要保證顧客的辛苦錢花得很值得。

銷售員：很抱歉，我忘了告訴您這些珍珠獨一無二的原因了。如果仔細看的話，您會看到它們有一層很厚的珍珠母。為了生產養殖珍珠，我們把珠核放入珠蚌，這時珠蚌會在珠核周圍釋放出一種分泌物。這種分泌物逐漸形成了珍珠母，也就是賦予珍珠光澤的那層物質。這些珍珠幾乎都是透明的。這顏色不是很好看嗎？這可不是經常能看到的，因為從把珠核種入母蚌開始，我們就無法控制珍珠母的形成。

這位銷售人員為顧客提供了額外的資訊，並且展現了他對商品的專業意見。此前他很可能並沒有用到大量的產品知識，因為他不需要這樣做。他只是試著讓顧客愛上這些珍珠，也沒有過度使用術語去達到這個目的。後來在處理異議

時，他很好地展示了他對商品的了解程度。通過這種方式，你就能給出額外的理由讓顧客信任你，並為產品增加額外的價值。

正如你在第4章看到的，在銷售中將資訊留待後用，這個觀念很重要。如果一開始就把你知道的一切都告訴顧客，以後在你必須增加價值的時候該怎麼辦呢？**記住，把某些內容作為「後備彈藥」保存起來，留到以後再用。**不要過早啟用你的「大砲」，要是你最後只能用「BB彈」來對付異議，那才叫虎頭蛇尾。

價值問題還是預算問題

如果顧客對你說價格太高了，你要弄清楚他說的是預算問題還是價值問題。你也許還記得上一章，我在那家五金行裡為一把15美元的錘子猶豫的事吧。這件事的問題在於：是我買不起這把錘子，還是我認為不值得花15美元買一把錘子。如果是我買不起錘子，銷售員就要處理預算問題；如果是我認為這錘子不值那價錢，銷售人員就必須說服我對價值的擔憂。

如果那位購買珍珠的顧客對高價格提出了異議，你可以這樣承認她的感受：「我當然理解您對價格的關注。現在的東西都很貴，不是嗎？」注意，你使用了「東西」一詞，而

且沒有具體說是什麼商品，特別是顧客正在考慮的商品。再注意那個反問，它又一次提醒顧客，你是站在她那邊的。然後，你繼續問：「是這件東西的價格太高，還是它的花費超出了您今天的預算？」

如果顧客的問題出在產品價格過高，你就再次對顧客的擔憂表示理解，然後拿出屢試不爽的最佳武器：

珍珠的有趣之處在於：儘管是我們人工把珠核放進去的，但卻是大自然控制了它們的形成。因此我們無法確定是否能得到足夠優質的珍珠，去配成一串這樣大小和顏色的珍珠項鍊。生產一串像您試戴的這串那麼好看的珍珠項鍊需要很長的時間，這就是它們如此昂貴的原因。但是，為了一件能讓您在未來很多年裡擁有和喜愛的東西，付出這個價錢還是十分便宜的。我認為這是一個重要的考慮因素，您覺得是嗎？

可以看到，每次當我們發現價值缺失是隱藏在異議之下的真正原因時，我們就會拿出另一個FABG來應對。

如果顧客的異議是因為購買商品的花費超出了她今天的預算，那就再次承認你理解顧客的感受，然後提問：「今天您打算花多少錢呢？」

注意「今天」這一用詞，它強調你說的是現在，而不是

以後。

　　你還可以注意到，直到現在這個階段，你才問出那個可怕的「多少錢」的問題：「您打算花多少錢？」你當然不會在顧客剛進來時就問這個問題，因為這可能在顧客頭腦中形成一個不切實際的高價，你可不想被它困住手腳。說到底，我們每一個人都曾在零售店裡花過比原計畫更多的錢，因此預計顧客也會做出同樣的行為是合理的。此外，我們知道，身為銷售員，我們絕不會代替顧客說「不」，所以我們會把每一次機會都留給顧客自己去說。

　　假設對於銷售人員的提問「您今天打算花多少錢？」，顧客的回答是「大概不超過500美元」。如果可能，你就找一件在顧客價格範圍之內的替代商品，向他展示。現在的問題是，你是否需要陳述這個低價商品的特點、優點和價值？答案取決於此刻你真正想要銷售的是哪個產品。這麼說吧，除非你是個只會放棄和傻笑的軟弱傢伙，否則你總是希望賣出更貴的那個。我就是這樣的！不要放棄希望。

　　記住，所有顧客都有過花錢超出原計畫或預算允許的時候。選擇怎樣的方法演示替代商品，可以成就也可以毀掉你實現交易最大化的機會。

　　如果可能的話，在你向顧客展示那件低價商品時，把那件高價商品也帶在身邊。你不需要對低價商品做任何美化，

只需要問顧客：「這個怎麼樣？」這會讓你的顧客認為這件低價商品要遠不如第一件商品。畢竟，你已經激起了顧客對那件高價商品的興趣和熱情，還為它增加了許多價值。相反，你沒有做任何推銷第二件商品的事情：

> 銷售員：您覺得這輛自行車怎麼樣？（展示替代商品）
>
> 顧客：不是太好。我猜這輛車的速度不夠快，對嗎？
>
> 銷售員：沒錯，這輛更接近於旅遊自行車。
>
> 顧客：是啊，我也不喜歡它。
>
> 銷售員：我明白了。這一輛（回到第一輛自行車）要快

得多。有一點我忘記告訴您了，就是這輛車……

　　不去推銷那件低價商品是明智之舉，因為這正好給了你另外一個機會，去為那件高價商品增加價值並達成交易。

　　如果顧客碰巧喜歡那件低價商品，那就將計就計對它做一個FABG陳述。無論是高價商品還是低價商品，你肯定希望能達成交易。先對顧客察言觀色尋找線索，然後再決定選擇走哪一條路線。

　　如果顧客在語言或動作上表現出任何遲疑，你就嘗試對高價商品達成交易。類似「我也不喜歡這個」、「還OK」之類的回答，說明顧客對購買替代商品缺乏熱情，甚至顧客觸摸、持有，或觀看商品的方式也能成為訊號。想一想你過生

日打開禮物的時候是怎樣反應的。如果你熱愛某件東西，你的表情和行為與你出於禮貌對一個可有可無的禮物表示興奮是完全不同的。

儘管如此，在拿起或觸摸替代品的那一刻，顧客仍有可能毫不遲疑地，或在沒有銷售人員推薦的情況下，對替代商品產生興趣。或者，顧客會說：「哦，這個不錯。」甚至連他的回答中特定詞語的重音也能暗示你下一步該如何行動。

如果顧客的最終異議是他不能承受高價或低價商品的價格，而且你也相當肯定預算是問題所在的話，那就是時候討論一下其他的付款方式了。

顧客：價格高的那條項鍊很漂亮，但是它真的太貴了。

銷售員：好吧，我有個主意。我們店有一種支付計畫能讓您輕鬆地按月支付款項，您現在就可以把這條項鍊帶回家。您願意考慮這個計畫嗎？我相信您會對這種方式感到滿意的。

你可以利用分期付款、預付訂金購買，或者任何能方便顧客的支付方式，作為處理異議的最後手段。在顧客需要商品但今天又沒有帶夠現金的情況下，或者當顧客覺得按月付款比一次性付款更容易接受時，這種方式是最好的成交方法。

　　透過為顧客保留商品來完成交易也可以作為一種最後手段。服裝銷售員是出了名的喜歡在異議處理過程中使用這一策略的人。但這種做法的成功率不高，只要算一算保留下來卻沒能賣出的商品數量，就能證明這一點。

　　實際上，在一個擁有200多家女裝店的賣場中，我曾經要求各店的店長估算某一天內倉庫中被保留商品的金額。各家分店報給我的數字從500美元到3,500美元不等。這些金額加起來後，整個賣場保留商品的價值竟然高達36萬美元。這36萬美元中，95%以上的保留商品都是新品，如果它們能在店裡再多展示一兩天，就會有更多賣出的可能。不幸的是，它們被放到了倉庫的保留區，等待永遠不再回來的顧客。

　　銷售員其實沒有必要提出保留商品的建議。大多數顧客都知道，只要提出保留商品，他們就可以自由地離開了。所以，「你能為我保留這個嗎？」成了一句托詞，它和「我想到別處看看」是同一回事。

第十一誡

　　我們所有人都會偶爾犯以貌取人的錯誤。有時候，我們會根據人們的穿著或工作來判斷他們購物的價格範圍。這是另一種錯誤評判顧客的形式，應該把機會留給顧客，讓他們自己做決定。

要避免替顧客做決定。進一步說，就是要記住銷售員聖經中的「第十一誡」。你要像銘記神聖信條一樣牢記這條戒律和它的推論：

降低價格比提高價格更容易。

顧客想買什麼，你不可擅自決定。

你要拿出勇氣，從品質較好的商品開始演示。

圖6.1中的流程圖可幫助你理解處理異議的完整過程。你可以把它當作一張路線圖來使用。好好學習這張圖，你就能在顧客提出異議時使用它。當你這樣做時，你會發現「我會再過來」夫婦很容易就變成「現在就買」夫婦了。

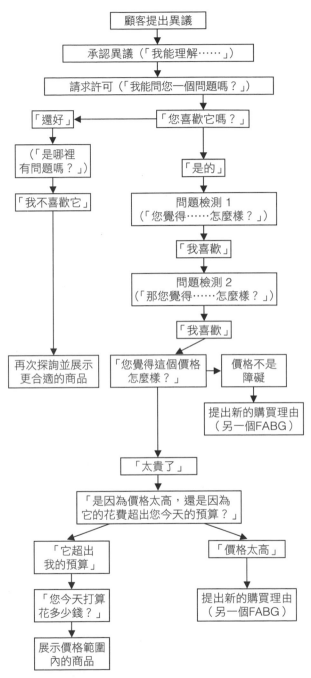

圖6.1　顧客異議處理流程圖

要點回顧

- 處理異議是銷售過程中必不可少的環節，因為如果有障礙存在，你就無法達成交易。想要說服顧客，你需要找出顧客異議的真正原因。

- 通常，當顧客提出異議時，他們會為自己拒絕購買商品給出一個不完整或虛假的理由。有時候，他們確實不知道自己想要什麼。這大部分是因為他們不信任你，或無法從商品中找到價值。

- 要找出顧客異議的真正原因，你必須善解人意，使自己「站在顧客這邊」，用充滿關懷的方式去了解顧客此時此刻的想法。

- 一字不差地使用六步技巧檢測出異議的真正原因。傾聽顧客的完整異議，不要打斷顧客說話；以逐字重複的方式承認反對意見，前面加上「我理解……」或「我贊同……」；請求允許提問「我可以問您一個問題嗎」，答案顯然是「可以」。

- 然後，問幾個常見的問題，第一個總是「您喜歡這件東西嗎」，接著視情況詢問更多其他問題，以發現真正的反對原因。

- 以你在演示中使用的FABG為基礎，透過提出一連串具體問題，檢測出真正的異議，由此確保你所強調的產品利益對於顧客來說是至關重要的。

- 把詢問顧客對價格的看法當作最後手段，而且總是要以無威脅性的口氣提問：「您覺得這個價格怎麼樣？」

- 要說服更多的異議，就要演示商品的其他利益。只有保留某些產品資訊以待後用，才能夠做到這一點。

- 如果價格是阻止顧客購買的真正原因，你需要判斷：是因為顧客認為商品不值這個價格，還是因為商品的價格超出了顧客的預算。

- 如果異議與價值有關，你就給出更多的FABG以增加商品的價值。如果異議與預算有關，你就提問：「您今天想花多少錢？」顧客告訴你後，你就展示落在他所說價格範圍內的商品，但你無須美化這件商品。顧客可能會對原來的商品回心轉意，因為它的品質顯然更好。

- 如果顧客需要這件商品，但價格仍是影響因素的話，你可以建議他採用預付訂金、分期付款，或者你店裡可提供的其他信貸計畫。

第七章

成交

銷售員對達成交易的渴望遠比技巧更重要。

有一天晚上在結束白天的銷售培訓課之後，我在一位客戶的賣場裡和一對夫婦耗了一個多小時。全體銷售人員又一次注視著我，而我正在為這筆生意奮戰。我已經應對了他們所提出的4個不同的異議，還談到了貸款支付、預付訂金等付款方式。我使盡渾身解數，用完了我認為適用的每一招成交技巧，可是這對夫婦仍然不為所動。

　　對付這種情況需要非常手段。我走到裡間拿了一本那天培訓課的練習本。我把它放在這對夫婦面前的櫃台上，開始逐條核對起來。「你看，我今天剛上完這堂銷售課，我已經照著上面說的什麼都做了，現在你們應該已經決定購買了。出了什麼問題？」他們笑了起來，然後真的買了！

　　為什麼成交能在銷售員的心中喚起這樣的情感呢？

如果你是從頭開始閱讀這本書的話，你就知道，在整個銷售過程中，成交是最不重要，同時又是最重要的步驟。說它最不重要，是因為如果顧客說「我要買下它」，那你就不需要再往下讀了。說它最重要，是因為如果顧客不說「我要買下它」，你就不得不主動要求他購買。

這就是生意，而且是非常嚴肅的生意。很多人依靠自己的能力將顧客轉變為買主。一家店的成功與否，取決於有多少銷售員達成了銷售目標。

企圖心最重要

想幫助一個沒有欲望的人去獲得成功幾乎是不可能的。很難為這些人找藉口，而且我認為，要教他們渴望成功，這超出了我的能力範圍。我知道這話嚴厲了些。與渴望贏的人一起工作要有趣得多，只需一些技巧和策略就可以做到。

我總是說，我更願意讓銷售人員冷靜處事，而不願把他們逼到火燒屁股的地步。急於成交和咄咄逼人只不過是缺乏技巧的表現。一個必須被督促著去做銷售的人無法在銷售中找到什麼樂趣。

你喜歡和人打交道嗎？當你成交一筆大生意時你會欣喜若狂嗎？當你的成交數量很低時你會情緒低落嗎？生活中你

最喜歡的事情是聽到顧客說「我要買」嗎？如果你對這些問題的回答都是肯定的，那麼歡迎你進入關於「成交」的主題——真正的成交。

每一位顧客都有不同的價值觀和預期。每一位顧客都有不同的經歷，對你提供的產品和服務也有不同的認識。因此，要我給你一個通用的成交方案去應對每一位顧客是不可能的。

也許此時更重要的是再次提醒你去行動，去努力嘗試達成交易，這比你使用的任何成交技巧都更重要。嘗試成交以及由此得到的成功或失敗的經驗，是你學習如何成交的最好的老師。

目前在美國，零售業銷售人員所做的每100次銷售演示中，以下的統計資料依然適用：

- 20%的情況下，顧客會自己說「我要買下它」。
- 20%的情況下，銷售人員會主動要求達成交易。
- 60%的情況下，銷售人員沒有嘗試成交。

我不會給你看100個銷售人員本該成交卻沒有成交的例子。為什麼？因為對於成交這件事，你很清楚自己的情況。只要看一看你的成交率，就知道你是不是需要做得更好了。

獲得顧客的購買承諾

　　在繼續之前，讓我們先確認自己處於哪個階段。你已經嘗試了試探成交，這時顧客對你所演示的主要產品提出了異議。或者說，在演示過程中，顧客對你所展示的商品提出了異議。你遵照異議處理流程解決了顧客擔心的問題，這也提醒了你，現在應該採取積極行動，獲得顧客的購買承諾了：

　　銷售員：您是否覺得這個很堅固的塑膠手提箱，可以保護您兒子的新薩克斯風？

　　顧客：我不太確定。這是個很棒的樂器，但我不確定我兒子是否會繼續學下去，所以花費這麼多錢買一件樂器，我還是要考慮一下。

　　銷售員：我當然理解您要考慮一下的想法。您想讓兒子能一直學音樂，不是嗎？

　　顧客：當然了！

　　銷售員：我能問您一個問題嗎？

　　顧客：可以。

　　銷售員：您認為您兒子會喜歡這支薩克斯風嗎？

　　顧客：當然會。他真的很想學這個樂器。

　　銷售員：好的，那就從這個開始吧。您覺得這一款對他

來說怎麼樣？

　　顧客：我有點擔心它可能太大了。

　　銷售員：我知道您在擔心大小的問題。幸運的是，薩克斯風不會隨著年歲的增長而長大，但是您兒子會長大。不用多久，它的大小就合適了。我還有些事情忘記告訴您，這支薩克斯風有幾個特別之處，它讓初學者演奏起來非常容易，這能讓練習更有樂趣，而不只是一個讓孩子弄出聲音的無聊玩具。我相信您不會介意聽到流暢的樂曲的，對吧？

　　顧客：這確實很好！

　　現在該怎麼做？這是關鍵的時刻，成交的時候到了。你該說些什麼來促成交易，並確保孩子的媽媽也會對此感到高興呢？全世界數千名銷售人員每天使用的幾百種成交技巧足以證明，沒有保證成交的。有些成交技巧已有 50 多年的歷史，有些技巧比另一些更管用。

　　你的第一個衝動可能是想學會盡可能多的成交技巧，但如果這就是你所做的全部，那你很可能無法成功。你有可能在需要某個技巧時卻想不起來，或把兩三個技巧弄混了甚至用錯了地方。我更偏愛那些好記好用的成交技巧。

成交的10種基本技巧

我們先從幾個基本的成交技巧開始學習和練習。你要盡量發揮創造性，儘量不要去使用那些人盡皆知、讓人厭煩的成交話術。例如說，告訴顧客你的店可能會關門倒閉，或者你極需這筆生意好讓你的孩子念完大學等，這些都不是專業的成交方法，而且也不管用。如果你從顧客的角度看的話，它們其實都是假裝可憐而已。

下面要說的這些成交技巧都是一些久經考驗的專業方法，在大多數銷售場景中，使用它們都十分有效。

二選一成交法

二選一式的提問可以防止顧客對你的成交要求做出否定的回答。不要詢問「您是想買什麼東西嗎？」（對此顧客可以輕鬆地回答是或否），而是要詢問顧客他是想買「X商品」還是「Y商品」，或者他願意用「X方式」還是「Y方式」付款。

你要做的，就是提出這樣的問題：「您是願意付現還是刷卡？」或者「您是用支票付款還是現金付款？」（對你的店來說用支票比信用卡的手續費更低！）

透過讓顧客二選一來告訴你他們需要這件商品，你已經

增加了獲得肯定回答並達成交易的機會。對於已經準備購買但還需要別人推一下的顧客來說，這種方法尤其適用。

顧客：我覺得和那件衣服相比，我更喜歡這一件。

銷售員：我同意您的看法，您穿這件更漂亮。對了，我是該把它包成禮盒讓它看起來更特別，還是就把它放在盒子裡呢？

顧客：包成禮盒吧，這樣感覺比較好。

顧客同意包成禮盒，也就對成交的提問做出了肯定的回答。如果你問她「您想要買這件嗎？」，她可能會說「是」，但也有很大的機會說「不」。

反問成交法

我喜歡這個方法，因為它直截了當而且十分有效。假設你正在向一對夫婦推銷一件他們兩人都喜歡的臥室傢俱。你已經成功地演示了這件傢俱的價值，現在你感覺他們正等待你要求他們購買。

其中一個說：「這件傢俱可以在週三前送到嗎？」大多數銷售人員會回答「可以」。就算你知道週三前能送到，也不要這樣說。你應該立刻以一個成交提問作為回答：「您希望在週三送到嗎？」或者「我們應該在週三的什麼時候送到？」

對於你的成交提問，如果他們回答「是」，你就成交了。當然，你得遵守承諾按時送到。

這個方法被稱為反問成交法是因為它把問題丟給了顧客。這裡還有一些反問成交技巧的例子，體現了在原有銷售上再做附加銷售的成功嘗試。

顧客：這輛自行車有沒有海軍藍顏色的？

銷售員：您想要海軍藍的？

顧客：是的，非常想要。

銷售員：好的，沒問題。您覺得這個耐用的架子是不是能讓您放東西更加方便？

顧客：這種香水有沒有大瓶的？

銷售員：您想要大瓶的嗎？

顧客：是的，這樣能用得久一點。

銷售員：好的，您真幸運，我這裡就有最大號瓶子的。要不要順便買些粉底？

就像這樣，利用機會展開附加銷售。如果你不這麼做，你只能算成功了一半。只要是來購物，顧客就已經展示出了他對你商店的喜愛，以及對你的信任。為什麼不利用這一點呢？

必須提醒你：在運用反問成交法的時候，要避免使用「如果我……，您會不會……」這類語言。假如有個顧客說「我想為我的電腦配一台1,000美元以下的雷射印表機」，而你回答：「如果我能為您找到一台1,000美元以下的雷射印表機，您今天就會買嗎？」你將為使用這種技巧而感到後悔的。

這是一種過時的成交技巧，而且只會讓顧客不再尊敬你。現在是21世紀了，顧客已經精明到足以看透這些老套的推銷技巧。

主動成交法

與其他成交技巧相比，這個技巧通常需要更多的勇氣，這也導致很多銷售員不願使用它。不過，主動成交法常常是讓猶豫不決的顧客付諸行動的最有效方法。

在顧客對購買難以決斷的時候，你有時應該放鬆，微笑，開個玩笑，然後再要求顧客購買。你可以大膽地向顧客提問：「那麼，您願意買下它嗎？」說的時候要帶點幽默感，即使大部分時間你不是個愛搞笑的人。大多數顧客會欣賞你的坦率和對這種局面自得其樂的態度。以下是一些例子：

顧客：我很抱歉占用了你這麼多時間，但我還是拿不定主意。

銷售員：沒問題，我來替您出主意。我該把它包成禮盒嗎？

顧客：太晚了。也許我明天會來買的。

銷售員：哦，求你了。您不覺得您已經糾結得夠久了嗎？您為什麼不現在就買呢？就算看在我的面子上吧！

顧客：我很喜歡這個，但我知道我不需要它，而且我先生看到這價錢非得嚇死不可。

銷售員：您看，我知道您想要它。您為什麼不解放自己，買下它呢？我覺得您不應該虧待自己。

記住，說這些話時要帶著幽默。你的熱情和對銷售工作的享受會立刻顯露在顧客面前，還很可能感染店裡的每一個人。說到底，從銷售中獲得樂趣正是銷售的精髓所在。

附加成交法

這是一種非常高超的成交技巧，因為它在試圖賣掉主要產品的同時，還試圖銷售更多的附加產品。它大致上是這樣提問的：「您覺得這個搭配那個怎麼樣？」這種方法在你解

決顧客的異議後，還能使你的銷售更進一步。

顧客：這平板電視的價格不是開玩笑吧？從來沒見過這麼貴的！

銷售員：我知道您的意思。我們的價格恐怕和全市任何賣場的價格是一樣低的。您的新平板電視要辦理延長保修嗎？

顧客：我從不穿黃色的衣服，因為它和我的膚色不搭。

銷售員：我理解您的感受，不過您穿這件黃的很好看。用絲巾點綴一下您的外套怎麼樣？

附加成交法可以一直不停地進行下去。這就是附加銷售的優點——你達成交易，或者繼續嘗試直到顧客說「不」。你可以把它當成一扇充滿成交機會的大窗戶。

第三方參考成交法

由於在購買新商品時，大多數顧客都不是徹底的先驅者，所以有時你需要再多給顧客一個購買理由，即使你已經為產品確立了足夠的價值。

第三方參考成交法的目的是：在顧客不太有把握時，為他們增加信心。

試試這種方法：**讓你的顧客知道，你認識的某個人購買**

了這件商品而且非常滿意。這裡的「某個人」可以是任何人。這個人可以是一位最近路過的顧客,順便來告訴你她很喜歡你賣給她的香水;也可以是你的一位購買過類似產品的朋友,他十分高興擁有那件產品;也可以是一位購買同樣商品的銷售同事或商場經理。

老實說,你會不會因為銷售人員告訴你他最近也買了這件商品,就對購買這件東西感到更放心?是的,我們都會。知道(或只是相信)某個人已經買過而且感到滿意,就能給予顧客更多的信心去做同樣的事。

顧客:我在雜誌上看到過這條裙子,但我從來沒看到有人穿過。

銷售員:我知道您的意思。例如我,就很害怕發表錯誤的時尚意見!不過,我真的聽說有幾個老主顧買了這條裙子,她們都說它穿著舒適又好搭配。

顧客:那你認為它今年會流行?

銷售員:我敢肯定。您為什麼不試試呢?

顧客:好吧。我偶爾也需要大膽一下。

銷售員:您應該下定決心了。這件襯衫很好看,和您的新裙子搭配怎麼樣?

顧客:我無法決定是買香檳酒杯還是通用葡萄酒杯。

銷售員：這的確是個困難的選擇，不過我的經理告訴我，她通常會買通用葡萄酒杯作為結婚禮物，因為使用的機會更多，補配一個也更便宜。

顧客：你說的也對。

銷售員：我總是對的。那麼，現在我可以替您把這套葡萄酒杯包起來嗎？

顧客：好的，就買通用葡萄酒杯吧。

假定成交法

如果顧客在你演示時極少或根本沒有表現出抗拒的跡象，你可以嘗試假定成交法。使用這種技巧時，你是在假定顧客會購買他正在考慮的商品。把商品拿到收銀台去吧，盼望顧客也會跟著你來！

當然，這是一種大膽的舉動，但是它在幫你告訴顧客，你說完了，交易結束。不過，如何運用這種技巧全在於你自己。有些人的處理方式相當直接，有些人則委婉一些，例如這樣提問：「那麼，您喜歡哪一個呢？」

學習下面的對話，這能幫你決定哪一種風格最適合你：

顧客：他要一件外套當作生日禮物，我喜歡這件。

銷售員：很好。您可以再為您先生看看其他生日禮物，

我把它拿到收銀台去。

顧客：好的。謝謝你。

顧客：這些大螢幕電視很不錯，我們一直想買一台放在客廳裡。

銷售員：好主意。您喜歡哪一種呢？

顧客：我覺得兩個相比，我們更喜歡這個LED背光顯示電視。

銷售員：我覺得這是您們購買大螢幕電視的最好選擇。我去叫工作人員到倉庫給您提貨。

顧客：好的，謝謝。

在業務繁忙或是你忙著服務許多組顧客時，假定成交法非常有用。但是，你在嘗試這種成交法之前，必須先確保顧客沒有對你正在推銷的商品表現出任何的抗拒，否則你會發覺自己倒退了好幾步！

訂貨單成交法

你是不是曾經見過，在顧客還沒準備去收銀台付款的時候，銷售人員就開始填寫訂貨單了？這被稱為訂貨單成交法。

它是這樣做的：假如你的顧客正在談論他希望對某件商

品做一些改變。他可能想把戒指改小一些，或者想為電腦加裝一個硬碟。使用訂貨單成交法時，你的任務就是把他的任何要求都寫在一張真正的訂貨單上。

使用這種成交法的另一個方式是：拿出一張訂貨單，詢問顧客的個人資訊，例如姓名和地址。如果顧客毫不抗拒地告知這些資訊，你就成交了。如果顧客還不確定要買，他會讓你知道的。這種情況下，你要做的就是道歉，說你以為他已經決定要買了。

以下這個例子可以說明何時可以使用訂貨單成交法：

顧客：你知道吧，這種訂做的窗簾最近很流行。我女兒的宿舍裡裝了一塊，我鄰居也說她為她的育嬰室也預定了一塊。你有孩子嗎？

銷售員：還沒有。請您告訴我您貴姓？

顧客：好的，我姓芬斯特。

銷售員：那您的名字呢？

在上面這個例子中，銷售人員與一位健談的顧客達成了交易。你也可以對下不了決心的顧客試試這種方法，但要注意只對合適的顧客採用這種方法。一些天生就對銷售員缺乏信任的人可能會把你的假定當成極大的冒犯。

「極限低價」成交法

在銷售中每個人都免不了和顧客討價還價，但很少有銷售員知道如何將這種局面化為自己的優勢。利用「極限低價」成交法能夠安撫殺價型的顧客，讓他覺得你正在盡力爭取最低的價格，即使你知道自己很可能無法做到。請看這個例子：

顧客：要是這個大衣櫃能低於100美元，那就太好了。

銷售員：您希望這個大衣櫃低於100美元？

顧客：是的。

銷售員：好吧，我試著想想辦法，我一會兒就回來。
（銷售人員躲進某處，顧客等待答覆）

銷售員：唉，很抱歉我找不到經理批准減價。看來似乎沒有多少減價空間了，因為這個大衣櫃的價格已經這麼低了，這個價格已經相當划算了。

顧客：我明白了。

銷售員：我知道您很喜歡它，我可以為您開發票嗎？

顧客：好吧。我在臥室裡為它騰出地方已經好幾個月了。

「極限低價」成交法能幫助你解決價格上的棘手問題。

儘管在這個例子中，銷售人員沒能爭取到顧客想要的折扣，但他最終還是達成了交易，這是因為他表現出了幫助顧客的真誠意願。

你展現出想要幫顧客爭取到最實惠的交易，你會讓顧客對於這筆交易投入更多的情感。在這個例子中，當銷售人員去確認大衣櫃是否有減價的可能時，那位顧客很可能在想：「哦，但願可以，但願可以。」她很關心能否減價，但由於她的希望被提升，她也變得更加在意擁有這個大衣櫃這件事了。

> 顧客對一件商品越是有感情，你就越容易賣掉這件商品。

反之，如果剛才那位銷售人員立刻回答「不，我們不打折」，那就會完全切斷與顧客的交流，這位沮喪的顧客很可能頭也不回就走開了。

如果你店裡沒有合適的地方可供你假裝向經理請示的話，你可以要求你的經理假裝他正在和你討論顧客的打折要求。在使用「極限低價」成交法時，你必須做出成功的表演。

「非常手段」成交法

當所有其他方法都不管用時，那就毫不猶豫地使出奇招，讓顧客的注意力鎖定在最終的成交上。這裡需要再次使用一點幽默感。如果你在銷售時樂在其中，通常你的顧客也會如此。

關於「非常手段」成交法，有個做法是：詢問顧客是否願意讓你打電話給有買過這件商品的人。

顧客：選擇太多了。你的顧客都是怎麼做決定的？

銷售員：好吧，像您這種情況，我們通常會打電話給其他買主，然後問他們是不是喜歡這商品。我們要試試嗎？（開玩笑地說）

顧客：看來要是我不拿定主意，我們就得打電話了！（笑著說）

顧客也許會讓你抓狂，但是只要他還沒有走出商店大門，你就仍然有機會促成交易。這可能需要一些極富想像力的方法，但是值得嘗試。這就是你的工作，記得嗎？

我曾經抓起一位女士的錢包，把它倒過來，從掉出來的東西裡找到了一枚25美分的硬幣，然後說道：「你說你沒錢預付訂金，這是什麼？」我知道你在想：「哈利，這次你做

得太過分了！」但你要知道，如果我沒有與這位顧客建立極好的交情，我是絕對不會做出這種事的。我成功了。她近乎瘋狂地大笑起來，連其他幾個顧客也笑了。警告：我建議這種成交技巧一生中用一次就足夠了！

施壓成交法

把這個成交法從你的列表上劃掉。和那些老套的推銷技倆一樣，在今天的零售環境中，它已經被過度使用了。

施壓成交法通常採用這種形式：「我們一年只此一次的活動，今天是最後一天了」、「這可能是我們最後一件存貨了」，或「明天恐怕就沒有了」等等。施壓成交法，其本質就是對想在你的店裡花錢的顧客施加壓力。

「恐怕這是最後一件了，您現在就買比較聰明。」

「銷售活動明天就結束了，我保證這樣的折扣可不是經常有的。」

這類表達方式會令顧客感到不快，而且通常只會讓顧客決定去別的店看看，在那些店裡，顧客不會因為想花錢而被威脅。

假如出於某種原因，你決定必須對顧客說一些類似施壓的話，那就不要把話說得像在威脅一樣。試著用這種方法

代替：

　　銷售員：這是我們最後一件存貨了。我完全沒想到它能在明晚之前就賣完，但我還是得讓你知道。

　　顧客：哦，謝謝你。我很感謝你能告訴我，也許我應該現在就買。

　　銷售員：這是個好主意。

　　銷售員：如果您現在沒有時間買的話，為什麼不預留它呢？這樣明天它就不會被別人買走。

　　顧客：確實是這樣，就這麼辦吧。

　　銷售員：很好。能告訴我您的姓名和電話嗎，還有您明天回來購買的時間。

　　顧客：好的。

如何應對顧客的打折要求

　　如今銷售競爭是如此激烈，以致於很多零售商都不得不求助於多樣化的促銷技巧來維持銷量。同樣，不少顧客也會為了商品的價格和你討價還價。即使管理部門批准了顧客的打折要求，也不一定能幫助你輕鬆成交。

　　例如，你遇到了一位對某件商品非常感興趣的顧客，但

是他要求打折。如果你感覺打折絕對必要，而且能夠說服經理給你部分或全部折扣的授權，那就禮貌地請求顧客允許自己離開（就像之前你在極限低價成交法中看到的），然後去和經理商量折扣事宜。

假如你的經理批准了部分折扣。**注意，要讓顧客知道你並不是經常這麼做，你這麼做完全是因為你知道他非常想要這件商品，而且你也希望他能得到折扣。**此外，要嚴守有關打折的資訊——把它們當作寶貝鎖在保險箱裡——因為你可不想讓你的商店贏得隨意打折的名聲。

要是顧客對你提供的部分折扣仍不滿意，那就要求顧客做出購買承諾，也就是詢問顧客要用什麼方式付款，拿著這個再次向經理請求打折。如果顧客願意這麼做，你就能基本認為這筆交易可以打折成交了。

一旦經理批准了任何必要的折扣，你就回到顧客面前祝賀他。讓你的顧客知道，這種程度的折扣在你店裡絕對是個大優惠，這是你不懈努力的直接結果。這樣做會讓顧客感覺他好不容易才「成功」了，而不是給他一種印象，以為隨時都可以走進店裡提出打折的要求。

如果經理不允許你打折，你可以把原因歸結到商品的成本上，而不要去怪罪到人的因素。你可承擔不起損害客戶關係的後果。

顧客：我認為你們店裡的皮製公事包非常好，但是太貴了。450 美元是這個包的最優惠價格嗎？

銷售員：我理解您的擔心。不過，我們沒有折扣是因為我們不會平白無故地抬高價格。這正是我們為顧客提供最具價值皮件的方式。

顧客：好吧，我欣賞這種做法，但是我可不想花費超過 350 美元。

銷售員：當然。我知道您真心喜歡這個包，我很願意為您詢問一下我的經理是否可以打折。我希望您能得到折扣，您不介意稍等片刻吧？（離開顧客去找經理）

銷售員：是這樣的，我沒能爭取到 100 美元的折扣，但我爭取到了 50 美元的折扣，您仍然省下了一大筆錢呢。我能為您開發票了嗎？

顧客：不，我很抱歉。我不能花超過 350 美元。我想我只好去別處看看了。

銷售員：等等。我知道您想要這個包，我也希望您能買到它。我能問問您打算用什麼付款方式嗎？如果我向經理表示你決定買下這個包的話，也許他會重新考慮那 100 美元的折扣的。試一試沒壞處。

顧客：這是個好主意，試試看吧。我這裡有 100 美元現金，剩下的錢我可以用個人支票支付。

銷售員：（拿著錢再次去找經理商量）我們很幸運。經理重新核算了成本，找到了一些額外的利潤空間，因此這個公事包我可以賣你350美元。告訴你，那100元現金真是幫了大忙，否則我們是無法成功的。您需要我把它包起來嗎？

顧客：不，我馬上就要用。

銷售員：恭喜你。我很高興這個問題解決了。

注意，在這個場景中，銷售人員是如何：

- 說明商店並不會抬高價格。
- 強調商品已經具有極高的價值。
- 說明這個折扣在這家店是極少有的。

如果你已認定不可能讓這種殺價型顧客滿意，我的建議是，用一種直接但禮貌的方式告訴這些顧客你的店不提供折扣，因為這個價格已經很合理了。這種方法或許能勸退那些難搞的顧客，也可能鼓勵顧客繼續對這件商品斤斤計較其價值。

自己無法搞定顧客時，不妨試試移交銷售

移交銷售，是一種很重要的成交技巧。它能夠幫助你從

每位上門的顧客身上獲得更多的成交機會。當你自己無法促成交易時，移交銷售就是一個解決方案。

即使你是世界上最優秀的銷售員，你也不可能和每個人都做成生意。每一種交易情況中存在的問題都各不相同。有時候，你能夠克服這些問題，有時候，你就是不能。

讓另一位擁有更好成交機會的銷售員接手銷售，你就能讓顧客和商店雙贏。顧客贏了，因為她的需求得到了滿足；商店也贏了，因為它實現了銷售。你，作為一個銷售人員，也獲得了成功，因為你為這筆交易出了一半的力（透過移交而達成的交易其佣金通常是平分的），要是沒有移交，這樁買賣也許不會發生。

移交銷售的時機

在銷售當中最常見的問題通常是由於某種個性衝突（如第2章所述）、專業知識缺乏，或缺少基本的成交能力等原因造成的。

個性衝突　我們可以理解個性衝突的問題。你不能指望人人都喜歡你。如果某位顧客不喜歡你，不要把這當成是對你個人或你銷售能力的反映。也許是因為你口氣難聞，又走得太近；也許是因為某些極其荒唐可笑的原因，例如你頭髮的顏色，你領帶的寬度，或是你戴的眼鏡。有些顧客的古怪

想法讓你根本無從入手。個性或形象的衝突一直都在發生，
對於這個世界上某些最優秀的銷售員來說也是如此。

假設有位男士在為他的妻子買東西。如果你是個頗有魅
力的女銷售員，在你試圖達成交易時，那位顧客的妻子可能
沒有興趣讓她的丈夫花時間和你攀談。又或者，你可能讓一
位顧客想起了他的母親，那是他厭惡的人。無論你說什麼做
什麼，他想到的都是那個他討厭的人，而不是來這裡買什麼
東西。因此，你的明智選擇是將銷售移交給另一位不會讓這
位顧客想起他可怕母親的銷售員。

以下這些情況可能需要移交銷售：

- 顧客不喜歡你的穿著方式，也許你太前衛或太保守，
  顧客感覺你無法中立客觀地判斷。
- 顧客覺得你太年輕或太老，心想：「這個人恐怕不知
  道自己在說什麼。」
- 顧客不喜歡你的性別。例如，男性顧客可能會對女性
  幫助他挑選衣服感到不舒服。
- 顧客聽不懂你的語言，或者不理解你的說話方式。外
  國人或者身有殘障的顧客常常需要特殊對待。
- 顧客心懷偏見。很不幸，這種事世界各地都存在。如
  果你察覺到了，那就移交銷售──越快越好。

知識缺乏 不少銷售人員遇到的另一個常見問題，就是對某一件商品缺乏基本知識或專業知識。有太多的銷售人員不知是因為無知還是自私，覺得必須要由自己親自回答顧客提出的每一個問題。實際上，事情恰恰相反。

如果你不知道顧客所提問題的答案，那就向真正知道答案的人尋求幫助。試圖在顧客面前不懂裝懂，尤其假裝是專家，就好比是自尋死路。你已經喪失了可信度，顧客一定會知道的。

顧客：那麼，我的MP3播放機可以使用這種頭戴式耳機嗎？

銷售員：是啊，我想可以。我看不出有什麼不可以的。

顧客：你確定嗎？我討厭退貨。

銷售員：是的，我很確定。

這位銷售人員說的話能令你信服嗎？恐怕不能。試想，如果銷售人員去詢問經理那種耳機是否確實可以用於顧客的MP3播放機，或者去請另一位銷售員向顧客說明適用於MP3播放機的特定類型的耳機，這是多麼簡單的事情。這樣做的話，銷售員就能為顧客找到正確答案，而且極有可能順利地促成交易。

成交能力缺乏 在各種銷售情況中最常見的問題是：你

就是沒法成交。這可能是你缺乏練習的結果，也可能是因為顧客不願意和你成交。如果顧客沒有給你十分明確的指示，如點頭、專心聽、提問等，那就意味著某些東西還沒有被觸發。

在這種情況下，為了商店和顧客，你需要移交銷售，給顧客一個與店裡的其他銷售人員談談的機會，也許這位銷售人員能更好地為顧客服務。不過，在你移交銷售之前，請確保顧客仍然有個想購買的大致目標。這樣能為你的同事施展身手留出餘地。

如何移交銷售

顯然，移交銷售需要以合作的方式來進行，這需要練習。此外，店裡的每一位銷售人員需要把顧客（而不是自己）的興趣和需求記在心裡。

在你準備移交銷售時，最重要的一點就是要把顧客託付給一位專家。不必等待顧客的同意，直接去做就是了。

以下是移交銷售的幾條特別準則：

1.向你的顧客解釋，你將請其他人來參與談話，這個人也許更能回答有關商品的問題。

是這樣的，鐘斯夫人，您說的是限量版印刷品，我們這

兒有個人是今年限量版產品方面的專家，他也許是幫助您的最佳人選，因為我知道您對這類藝術品真的很有興趣。史蒂夫，你能過來一分鐘嗎？

史密斯太太，我覺得自己沒辦法好好地跟您介紹這件商品。讓我另找一位更熟悉青少年喜好的銷售員吧，這樣更符合您的需要。薩拉，你能過來一分鐘嗎？

2.禮貌地把你的顧客介紹給新的銷售人員，然後回顧一下銷售情況的細節。

銷售員1：史蒂夫，這位是鐘斯夫人。

銷售員2：您好，鐘斯夫人。

銷售員1：鐘斯夫人對這種限量版的印刷品很感興趣。既然你是這方面的行家，我覺得你更適合回答鐘斯夫人的問題。

銷售員2：我很榮幸。

銷售員1：薩拉，這是史密斯太太。

銷售員2：您好嗎，史密斯太太？

顧客：很好，非常感謝。

銷售員1：薩拉，我給史密斯太太展示了幾款漂亮的手鐲，她不能確定哪一款適合她的女兒。我覺得既然你是專

家，也許能夠提供幫助。

銷售員2：沒問題。

3.一旦完成移交，就退出銷售。

鐘斯夫人，很高興能幫助您。我就把您交給更好的人選了，我過一會兒再來看看您的疑問是不是已經全部解決了。

史密斯太太，我很高興能為您服務，我會再回來看看，確保您了解了想知道的一切。

不管你在何時移交銷售，重要的是，你要讓顧客感到移交會幫助他們正確地選擇商品。與感覺受人擺布不同，這種方式能讓你的顧客感覺更放心。

15個重要的購買訊號

我已經詳細討論過在處理異議後立即成交的方法。然而，演示中還有很多時候不僅適合成交，而且必須成交。這個時機就是當你聽到購買訊號的時候。

所謂購買訊號，就是顧客準備並願意購買商品的訊號。購買訊號並不總是顯而易見的。你的訊號接收天線必須足夠靈敏才能識別出它們。它們可能非常微妙又難以覺察，有時

候是表現在肢體上。顧客的肢體語言和行為有時候比說話更清楚。

沒能識別購買訊號的最大危險在於：在顧客發出購買訊號後，銷售人員所說的多餘的話會意外地讓顧客放棄原本要購買的商品。

顧客：這是我見過最好的靴子。

銷售員：它的內部還有可以吸收異味的襯裡。

顧客：哦。我曾經在一雙鞋子裡用過這種東西，我一點兒也不喜歡，算了吧。

想聽懂購買訊號，首先要注意，它們通常在價值建立之後出現。如果沒有價值，顧客可能只是在問你問題。建立價值之後，顧客就只需要確認；如果你的回答可以被接受，她就有可能購買。

顧客：還有什麼其他顏色嗎？（這是提問，顧客需要更多的資訊）

顧客：我能看看黑色的嗎？（這是購買訊號）

記住：顧客給出購買訊號的時候，就是促成交易的最佳時機。

　　錯過購買訊號的例子有很多，下面的對話是我的最愛之一：

　　銷售員：今天您怎麼會想到我們店裡來？
　　顧客：上星期我表哥伯尼來這裡買了一把椅子，那是我見過的最漂亮的椅子。

　　絕大多數銷售人員會繼續探詢，想搞清楚是哪一種椅子，甚至伯尼表哥長什麼樣子。他們錯過了購買訊號。「表哥伯尼」意味著信任，「我見過的最漂亮的椅子」意味著價值。該成交了。

　　銷售員：今天您怎麼會想到我們店裡來？
　　顧客：上星期我表哥伯尼來這裡買了一把椅子，那是我見過的最漂亮的椅子。
　　銷售員：您也想買一把一樣的嗎？

　　最好的結果，就是顧客回答願意成交。最壞的結果，也只不過是一個向你提供更多資訊的探詢式提問而已。下面列舉的15個購買訊號可以教你聽懂弦外之音：

　　（1）你們能在下星期給我送貨嗎？
　　（2）保固期有多長？

（3）組裝起來要花多久時間？

（4）這可能是我見過最漂亮的（某東西）。

（5）我覺得它很好看。你覺得呢？

（6）有稍微小一點的嗎？

（7）哇噢！

（8）我應該預付多少錢？

（9）你認為我需要買幾個？

（10）這東西你已經賣掉很多了嗎？

（11）你們能免費送貨嗎？

（12）你能把它包裝成禮盒嗎？

（13）你們的退貨政策是什麼？

（14）你們接受哪種信用卡？

（15）這東西堅固嗎？我可有三個孩子呢。

成交可以充滿樂趣

不管你信不信，成交對你而言應該是充滿樂趣。當你成為一個自信的成交者之後，我相信你會對這世上的數百種成交技巧產生更大的興趣。那時你也許會想去書店轉轉，挑選更多有助你深入學習的書籍。

無論你讀什麼學什麼，請你記住：成交應該是一次出色演示的順理成章的結果。

要點回顧

- 沒有什麼神奇方法或完美方案能讓顧客每次都掏錢購買，而且對於幾乎每個走進你店裡的顧客，都要使用不同的成交技巧。然而，你可以學習足夠多的成交技巧，讓你的顧客幾乎每次都能掏錢購買。

- 無論如何，你必須主動要求成交。有太多的銷售人員相信，如果他們對於自己應對顧客的表現不滿意，他們就不再有義務促成交易了。

- 要求顧客購買——每一次都要求。你存在的唯一原因就是：透過交易將商品的所有權從商店轉移到顧客手中。讓顧客購買更多商品。

- 識別購買訊號是成為一名成交高手的重要因素。當你能識別出購買訊號並立即採取行動，你很快就會比自己原本所想的更多、更快地促成交易。

- 所謂購買訊號，就是顧客表示出「我要買下它」的意思，但又不是以一種明顯的方式來表達。購買訊號非常重要，因為它們能幫助你在適當的時機促成交易，而不必浪費額外的時間。

- 購買訊號的典型表達方式類似於「你們有能和這個相

配的皮鞋嗎？」、「你們在戒指上刻字有多快？」、「這種產品你們還剩多少？」或「你們接受信用卡支付嗎？」。這些話是在告訴你，不必再用更多的「特點—優點—價值—反問」（FABG）為商品增加價值了，因為你的顧客已經相信這件商品的價值。

- 一位顧客可以有幾百種方式來暗示他已經準備好購買了。如果你能仔細傾聽顧客說的每一個字，你很快就會培養出接收購買訊號的技能。

- 有些顧客從不發出購買訊號。有些購買訊號過於模糊不清，以致於無法從對話中探測到。不管是什麼情況，你必須自己掌控局面：無論如何都要盡力去成交。

- 學習一些基本的成交技巧，例如二選一成交法、反問成交法、主動成交法、附加成交法、第三方參考成交法、假定成交法、訂貨單成交法，還有「極限低價」成交法。

- 如果顧客想要折扣，而且你也看出這對於交易是必要的，你要讓顧客知道，你給商品打折並不是家常便飯，這麼做完全是因為你知道他需要這件商品，你也希望他得到這件商品。對於打折你要謹慎又謹慎，因為你不想讓商店落得容易打折的名聲。

- 移交銷售是一種重要的成交技巧。你不可能和每個人都做成生意,讓另一位擁有更好成交機會的銷售員接手,你就能讓顧客和商店雙贏。

- 移交時最重要的一點就是要把顧客託付給一位專家。不必等待顧客的同意,直接去做。

- 在練習成交技巧時,提醒自己:主動成交是你的職責。當顧客說「我要買下它」的時候,成交當然更容易,但是這話你聽過幾次呢?你必須準備好主動要求成交。除此以外,別無他法。

第八章

確認與邀請

一場感謝的慶典……

啊，愉快的一天！鈔票進了收銀機，大功告成。又一位顧客滿意而歸。你小小地祝賀自己一下，在心裡記下剛剛賺得的佣金，然後準備信心滿滿地接待下一位顧客。幾樁交易過後，一天就要結束了，你感覺真好！從銷售的角度，你度過了美好的一天，感謝那個幾乎買走店裡一半東西的顧客。你感覺像是過節，於是打電話給你的先生／太太，今晚要出去好好慶祝一番。

　　第二天早晨，你睜開眼，感覺和昨天一樣神清氣爽。你在淋浴時唱著歌，期待著去工作。你早早來到店裡，喝了第二杯咖啡，在店裡走上一圈，準備好迎接又一個美好的日子。馬上就要開門了，當某個銷售員按下按鈕讓鐵捲門升起，你看到了一雙正在等待進門的鞋。門繼續往上升，露出

了掛在顧客手上的一個大提袋（那是你們店裡的袋子）。門繼續上升，你又看到了夾在顧客手臂的第二個提袋。

這個人看起來很眼熟。會是昨天使你創造最佳業績的那位嗎？不可能。她昨天買東西時欣喜若狂，我不會搞錯的。現在鐵捲門似乎像慢鏡頭一樣緩緩升起。那是她的下頷，她的鼻子，她的雙眼——哦，不！這怎麼可能？也許她昨晚被鎖在商場裡還沒回家去吧。當然不可能。看來你這一筆大交易要泡湯了。

對於銷售人員來說，幾乎沒有什麼事比退貨更糟糕了。沒能成交是一回事，成交後又失去它才更痛苦。哦，當然，你也許能用換貨的方式來挽救，但如果不行，它就會毀掉完美的一天。

買主的懊悔

買主的懊悔，是指對於已購買的商品產生一種後悔或自責的痛苦感覺。我相信每個人或多或少都體驗過買主的懊悔。餐館裡的食物大概是少數幾種你在購買之後不會想到退貨的東西，除非你在一家五星級餐廳吃到了很平庸的料理。但是你仍有可能在餐館裡產生買主的懊悔。例如說，他們把三明治放在你面前的時候，你卻希望自己點的是漢堡。

　　買主的懊悔與花錢的多少無關。仔細想想這一點。比如說你買了一輛車，一間房子，一艘遊艇，或者任何高價的商品。你很喜歡它。但是到了你要在支票上簽名的那一刻，懊悔就從你的頭腦中冒了出來。你覺得你應該選擇那個而不是這個，應該等到利率下降之後再買，應該在砍價時更堅決更有耐性，應該再多想想，應該和你父親商量一下，諸如此類。

　　又例如說，你買了一個新錢包。你付完錢走出了商店。正當你跨出店門的那一刻，你開始懊悔了。你應該再多看一家店的。會不會不好看？是不是應該買那個皮更軟的？它看起來會不會像便宜貨？它能裝得下你所有的信用卡嗎？你花得太多了，等等。

　　買主的懊悔經常會導致退貨或撤單，它的發生有很多種原因。

人人都希望自己的購物決定得到認同

　　人們希望他們生活中所做的一切事情都能獲得認同，包括購物。在這一點上，我真是不可救藥。如果別人沒有注意到我買了新東西，我會特地展示給他們看——尤其是價格昂貴的東品。我會對著他們拼命地解釋我的購買理由。「它確實花了我不少錢，但我認為我買這個真的是買對了，是吧？

我是說，我一直在努力工作，好好犒賞自己是應該的，不是嗎？我已經很久沒有買過這麼有意義的東西了，真的。你不覺得這很棒嗎？我真的這麼覺得。」我讓辦公室裡的每個人在我走過他的辦公桌時都告訴我，我做了正確的決定。

因此，我是個好顧客。至少，我提醒朋友們稱讚我。你最可怕的噩夢，就是顧客希望能得到別人的稱讚。比如說，一位女士買了一件新衣服。她穿著它去上班了——什麼時候？當然是第二天。你也會希望馬上穿上新衣服，對吧？所以，她穿著新衣服去上班了，公司裡每個人應該都知道這是一件新衣服。他們以前沒看過這件衣服，而且他們一週5天都能看到她。但是沒有一個人稱讚她。實際上，沒有人說過一句話，甚至連「噢，這是件新衣服？」都沒有說。她回家後把衣服掛進了衣櫃，再也沒有穿過，還怪罪這家店，還有你。或者，更糟的是，她把衣服拿回來退貨。

但是，假如公司裡的某個人確實注意到了這件新衣服，並大大稱讚了她一番，她就會再次穿它。假如每個人都注意到並稱讚她，她很可能未來半年每隔一天就會穿一次。在防止顧客退貨這件事上，你身為銷售人員的最大風險，就是顧客沒能從周圍的人那裡獲得稱讚。

人們有時太疑神疑鬼，以致於連一句無心的評論都會引發自我懷疑。我的辦公室裡有位女士最近買了一枚戒指，我

看到了，就把它套在我的小指上說道：「這當男士戒指也不錯。」第二天她就不戴它了。她告訴我，她很害怕自己真的買了一枚男士戒指而銷售員卻沒有提醒她。當她總算把戒指戴回手上時，辦公室裡的另外三位女士立刻對這枚戒指讚歎有加。再見了，買主的懊悔。她從此再也沒把戒指摘下來過。

得知別人喜歡你買的東西，會讓你對自己的決定感到自信，也更快樂。特別是當你買下某件極貴的東西，或某件你難以決定的東西時，你一定有過這種感覺，對嗎？**必須承認：人人都喜歡自己的決定受到認同——你也不例外！**

儘管如此，你還是不能依靠別人去告訴你的顧客這件東西很棒，他們做出了明智的購買決定。原因之一就是，和過去相比，今天有越來越多的人獨自生活。你必須負起這個責任——否則，你的顧客可能會開始懷疑他這次的購買是否明智。因此，**你的任務就是要求成交，並在成交後讓顧客放心。**畢竟，你掌握了獨一無二的機會，能使自己成為第一個讓顧客知道他們做出了正確選擇的人。

變回普通人

當交易完成，現金進入收銀機或訂貨單簽署之後，你就不再被視為是一個銷售員了。你只不過是店裡的一個普通人

而已。因此，你說的恭維話會被當作讚美之詞，而不是典型的銷售話術。

> 在交易完成之後繼續表現出對顧客的關心，不僅能使你顯得值得信賴，還能表現出你的真誠。

這是一種大多數銷售員從未獲得的聲譽，而且這種聲譽有著難以言喻的好處。例如一個銷售員在交易結束之後說：「鐘斯夫人，我覺得您在為您女兒買羊毛衫這件事上，您做了一個明智的決定。」這位銷售人員是在表達一個事實，即她認為鐘斯夫人確實做出了正確的決定。顧客心頭縈繞著的懷疑便漸漸散去了。

如果你在交易完成或收款之前就表達對購買的認同，那麼你說的話就完全在顧客的意料之中：又是銷售話術。如果顧客正在收銀台前付款，你說「您穿這件真好看」或「我真高興您決定買這件」，你還是像在推銷，這會讓顧客感到十分掃興。

你現在的目標就是確認交易。「確認與邀請」是一個兩步驟過程，它有助於消除買主的懊悔，減少退貨或撤單的可能性，還能促進個人交易和吸引回頭客。讓我們來仔細看看每個部分。

確認：鞏固交易

確認顧客的購買，有助於防止買主的懊悔。正如前面的例子所述，對於確認的效果而言，時機極為關鍵。但是確認時你該說些什麼呢？這要取決於具體的情況。

請將整個過程當作一場「感謝的慶典」。你的顧客有錢，你有商品，顧客選擇在你的店裡透過你花錢購物。顧客本可以選擇在其他任何地方購物，但是他沒有。你和你的顧客完成了一次簡單的交換，任何一方都不欠對方任何東西——你們誰也不吃虧。但是，在分別之前，銷售人員應該要表達他的想法：「謝謝你選擇了我。」

假設威爾森夫婦剛剛為他們的女兒買了一件黃金項鍊以慶祝她大學畢業。他們的女兒以前從沒戴過黃金項鍊，威爾森夫婦也不太確定女兒是否會喜歡這件首飾。這筆交易的確認可以這樣說：

威爾森先生和太太，我認為你們為女兒的畢業禮物做了極好的選擇。這件禮物不僅會在今後幾年裡增值，還能讓你們的女兒想起她人生中這件最值得驕傲的成就。

請注意，在這個例子中，銷售人員不僅告訴顧客他們做了一次極好的選擇，而且還提醒了顧客一兩個可能在演示中

就指出過的商品價值。這種方法透過強調顧客最初的購買理由，進一步鞏固了交易。雖然每次確認都應該根據每個顧客的具體情況而變，但是仍有一些準則可以遵循：

（1）**稱呼顧客的名字**。和你的顧客相處幾分鐘之後，你可能已經知道顧客的名字。如果你還不知道，那就在支票、信用卡或者發票上找找看。使用「威廉姆斯夫人」或「佩克先生」等具體姓名來稱呼顧客，要比叫「小姐」或「先生」更有個人指向性。

（2）**用「你」「我」相稱**。這能幫助你進一步將這個交易個人化。感謝顧客的不是商店，而是你。而且你想要確定是顧客做出了明智的購買決定。你不是做決定的人。

（3）**確認購買是明智的**。透過回顧在演示中提及的某些商品利益，把你的確認和顧客的購買理由聯繫起來。你還可以提及探詢過程中顧客說的某個觀點。這會提醒顧客，你確實有認真地聽他說話。

打消買主的懊悔

如果交易涉及非常昂貴的物品，例如珠寶、傢俱，甚至是昂貴的衣服，我常會建議進行電話確認。如果有人在你店裡花6,000美元買了一枚鑽戒，讓你從中獲得了不少的佣

金，這值得你多花兩分鐘時間打個電話，讓顧客知道你認為他做出了很好的選擇。

不管你是在當晚（這是更好的選擇）還是次日打電話，確認電話都是又一種讓顧客知道他們買得精明划算的有效方式。如果商品是特別訂貨可能要幾天後才送到，那麼盡快打電話確認交易就更有意義了。等待收貨的這段時間意味著顧客的親朋好友有更多的時間說服顧客取消交易。

根據我的經驗，如果你每晚都打一下確認電話給你的顧客，你就能顯著降低顧客退貨及撤單的機率。下面就是一個電話確認的例子。

銷售員：您好，特里佩先生嗎？

顧客：我是。

銷售員：特里佩先生，我是瓷器店的蘇珊。你微笑著離開店裡後我一直記掛著您。我更加確信您太太會喜歡您挑選的這個樣式。我的每個顧客都對這種樣式讚賞不已，看起來您對買這款瓷器給您太太也非常開心。我相信她一看見就會愛上它的。

顧客：我也這麼認為，謝謝您打電話來。

對於成交後致電顧客這類大膽的做法，雖然大多數銷售人員都有些猶豫，可是大多數顧客卻由衷地讚賞這種態度。

這讓他們知道你在關心他們和他們購買的商品。這能夠消除
買主的懊悔，也能讓你有更多機會見到回頭客，做成更多生
意。

邀請：請求再次光顧

你有沒有過老顧客再度光顧並特地來找你？或者有老顧
客給你介紹新顧客？每個銷售員都遇到過。問題是有多頻
繁？一直發生？有時發生？偶爾發生？還是從未發生？如果
答案不是「一直發生」，那麼以下內容會讓你特別感興趣。

過去，你只要簡單說一句「謝謝，祝您愉快」就能贏得
回頭客。不幸的是，這一招不再管用了。今天，有上百萬名
銷售人員在試圖爭奪你的顧客。

顯然，你想成為一名更優秀的銷售員，賺到更多的佣金
或獎金。想想那些經常掙得六位數薪水的銷售員吧。你覺得
這種銷售員只是運氣好嗎？他們所在的店的客流量真的比你
店裡多得多嗎？這麼大的客流量並不是天天都能遇到的，也
無法帶給銷售員成交幾百萬美元生意的機會。沒錯，大型室
內購物中心可以提供巨大的客流量，但它也造成了零售業中
最為激烈的競爭。那裡可不只有一家女鞋店，而是5家！

在走訪世界各地時，我極其有幸地見過一些真正傑出的

零售店銷售員。他們都非常優秀，只要你見過他們中的一位，就能立刻明白他們為何優秀。我經常會說起莫尼卡·阿門達里茲（Monica Armendariz），她是賣女裝的。根據最新統計，莫尼卡一年的銷售額是120萬美元。她能達到如此高的水準，主要是因為她在店裡建立了屬於她自己的生意，她擁有自己的顧客。你知道我說的「擁有」是什麼意思嗎？我的意思是，她的顧客除了去她那兒之外不會想去任何其他地方買衣服。實際上，她曾和我說過一個很棒的故事：一位女士因為過生日得到了一張200美元的尼曼馬庫斯（Neiman Marcus）禮券（尼曼馬庫斯是美國經營奢侈品為主的高檔百貨公司），可是她卻把禮券退掉換成了現金。那位顧客說：「沒有莫尼卡幫忙我不會買衣服。」

　　我有一次看她在店裡工作，光是看著她就很有趣。**她不是在店裡走來走去，而是跑，顧客也跟在她身後跑。她像個瘋女人一樣圍著試衣間工作。**但最令人印象深刻的是她在沒有顧客可以服務的時候所做的事。我從沒見過莫尼卡和其他銷售人員聊天或者休息片刻。一整天裡只要有空，她都在打電話通知顧客，或者給顧客寫信。

　　這家頗有特色的小店幾乎每天都有一小批進貨，所以每天早上開門之前，員工們要參加一個15分鐘的會議。店長會展示每一件新品，並對它的特點和價值做個基本介紹。所有

銷售人員都坐在那裡，人手一本交易簿，這很像是一場藝術品拍賣會，不同的是：第一個競拍的人就能得到新品。據說，剛一展示這些新衣服，莫尼卡就把其中大部分搶到手了。會議一結束，她就像一匹衝出柵欄的賽馬一樣拿起電話，滿懷信心和決心地通知顧客：「瑪姬，今天下午你一定要來。新到了一件衣服，你肯定想要。我今天會留著它。」她並沒有央求顧客到店裡來，她只是告訴顧客一聲，顧客就來了。更有傳聞說，莫尼卡從迷你時裝秀上標到的衣服75%以上都被買走了。店長甚至為莫尼卡買了一份保險。你能做到嗎？

再舉一個例子。四、五年前，我在明尼亞波里斯遇見了一個在樂器連鎖店工作的先生，他叫做安迪·安德森（Andy Anderson），是個令人驚奇的傢伙。他把售後追蹤（follow-up）變成了一門科學，自己則成了推薦銷售之王。他有一本參考手冊記錄了幾乎每一位他經手的顧客。他還有大多數顧客和他們家中的新鋼琴合照的照片。不僅如此，他還詳細地追蹤問到新顧客是由哪一位老顧客的引薦而來的，這樣他就能把支票寄給作為推薦人的老顧客了。這叫做「獵犬式追蹤法」（bird-dogging）。他練習這種方法已有一些時日，有著我從未見過的高準確性。他的其中一個顧客收到了支票，打電話問他那是幹什麼用的，他說：「4年前你向你的一位朋友

推薦了我，現在他終於買了。」不得不說，這人真的很神奇。

　　這些例子有什麼意義？**想要在銷售中獲得真正的成功，你必須要讓你的顧客再次光臨，或介紹其他顧客給你。**這是一個鐵一般的事實：和回頭客或受推薦而來的顧客做生意比和新顧客做生意更容易。還有一個事實：想要在任何店裡建立銷售業務，你必須把顧客培養成你的收入來源──回頭客不斷光臨，買些東西，或者把他們的朋友介紹給你。

　　我經常向銷售員提一個問題。想像你的店裡有一扇黑色的大門，上面寫著你的名字。在這扇黑門的背後，是一家與你的店完全一樣的商店。你只能銷售那扇黑門後面的商品，而顧客通過這扇黑門的唯一方法就是要求你開門。你能夠依靠黑門後面的這家店維生嗎？這是個有趣的問題。如果你能，那麼恭喜你，你是一位專業的銷售員。如果你不能，那麼成為專業的銷售員就是你人生的目標。

告訴你的顧客要做什麼，他們就會照做！

　　你有多少次聽到銷售人員說類似下面的話？

　　「如果您發現洗衣機裝好之後有任何問題，就打電話給我。」

　　「這個煙霧探測器應該不會有任何問題，萬一有的話請

告訴我，我很樂意幫忙。」

　　我一直無法理解這種策略。我的理論是這樣的：**購買商品之後顧客立即進入一種奇怪的思想狀態，他很容易受到影響**，這時候如果你或其他人告訴他要做什麼事情，他幾乎都會照做。如果你暗示他會遇到問題，他就確信自己一定會遇到問題。如果你暗示他會有疑問，他就會提出疑問。

　　為什麼不告訴客戶好好享受他購買的商品呢？如果你在顧客眼中是個專業的銷售員的話，毫無疑問，你當然會解決任何可能出現的問題，也會隨時回答顧客的疑問。相反，你要以一種積極的方式來利用顧客這種特殊的思想狀態。例如你對顧客說：「下午在家好好享受您的新DVD吧。」他很可能就照做了。

發出適當的邀請

　　邀請這一步，就是你邀請你的顧客再度光臨。但我的意思不是讓你說「謝謝，歡迎再來」這種陳腔濫調。這可不是爭著招攬更多生意的時候，現在是要真誠地感謝顧客，邀請她再次光臨，並分享她的購物樂趣。記住，這是一場感謝的慶典。當然了，在她真的回來時，你還是得讓她買點東西！

　　邀請是在確認交易之後，要根據顧客的具體情況來精心

措辭。比如說，伍茲太太在你店裡為她的丈夫買了一台家用電腦，你就可以邀請她下次路過時再到店裡來，讓她告訴你她丈夫是多麼喜歡這台電腦，或者她丈夫對她給他挑選了這台電腦有多麼驚喜，等等。

成功邀請你的顧客再度光臨有幾條準則：

1.與顧客達成一致。採用「您能幫我一個忙嗎？」發起邀請，你就已經與顧客就再次光臨達成了一致意見。

有多少次你對別人請你幫忙回答說「好」，又在聽到具體內容後感到後悔？可是不管怎樣你還是同意了。這真是人性中最奇怪的一面！

大多數顧客也是如此。他們在知道幫什麼忙之前就會說「好」，並向你做出承諾。即使如此，也不要想當然地認為顧客一定會回答「好」，更不能還沒得到顧客的回答就開始下一步行動。雖然99%的情況下回答都是「好」，你還是應該遵守基本禮儀，等待顧客的回答。

2.邀請顧客回到店裡來找你。一旦你的顧客同意了你的幫忙請求，你就提出某個具體理由請求顧客回到店裡來找你。請顧客回來的最合適理由就是，這能讓你有機會知道所購商品的使用情況，或者它的使用者是否滿意。

理想情況下，你可以邀請所購禮物的接受者也回到店

裡。如果他喜歡他的禮物，他也可能喜歡你店裡的其他一些商品──也就更願意自己花錢購買了。

你的邀請要盡可能特別：「下次您來市中心時，能不能順路過來讓我知道那枚訂婚戒指合不合適？我真的很想知道。」

差點忘了還有更絕的：「我希望下個週末您能再來，這樣您就能讓我知道她有多喜歡這枚戒指了。我簡直等不及想知道了！」不用害怕試探顧客的底線。只要你開口請他們幫你一個忙，他們很少會說「不」。

同樣，為了讓你的邀請盡可能有效，這裡還有一些額外的注意事項。來看看下面的例子：

伍茲先生，我認為您買了一枚很棒的戒指。它設計華麗，還能和任何式樣的婚戒相配。您能幫我一個特別的小忙嗎？

這段話有什麼錯嗎？最好把「買」這個字從確認步驟中去掉！如果是一件價格昂貴的物品，那就等於在說：「我認為您花掉您全部的血汗錢購買這枚戒指是一個很好的決定。」**請用「挑選」或「選擇」來代替「買」。**

下面又有一個注意事項，在你向顧客發出邀請時需要牢記在心：

銷售員：威廉姆斯小姐，我認為您挑中這件衣服是一個正確的選擇。這件衣服您不僅穿起來很好看，而且一年的任何時候您都可以穿。您能幫我一個特別的忙嗎？

顧客：好的。

銷售員：下次您再來商場時，順便回來看看，讓我們知道您的近況，我們喜歡見到您。

有什麼錯嗎？這位銷售人員沒有向顧客發出私人邀請！他只是請求顧客回到店裡，卻沒有指明去見哪個人。如果你不能確保顧客回來是專門來找你的，那有什麼意義？這可是建立屬於你自己的個人交易的絕佳機會。

合二為一

你可能已經猜到了，確認和邀請要配合在一起使用。如果處理得當，它們就會成為顧客耳中美妙的音樂！以下這個例子就是一個完整的確認和邀請過程：

銷售員：鮑伯，我認為你選擇這個商務電話系統是個正確的決定。它的LED顯示幕確實能讓辦公室裡的每個人都很容易學習使用，它的靈活性可將電話從一個網站移動到另一網站，讓你的辦公室經理輕鬆不少。你能幫我一個忙嗎？

顧客：好的。

銷售員：下次來購物中心時，您能否順便過來這裡，讓我們知道這套系統的使用情況，我很願意聽您告訴我。

顧客：我會的，謝謝你的幫助。

銷售員：我很榮幸。

讓顧客成為你的忠實追隨者

你可以稱自己為銷售員，但你也是一個生意人。想要成功，你必須發展客戶關係，還要每天維持、拓展這些關係。

> 簡而言之就是，像一流銷售員那樣銷售，像創業者那樣做事。

發揚你的創業精神

零售業的銷售也是一個創業的過程，這和街上那個自己開影印店的傢伙沒什麼兩樣。他必須追蹤記錄所有現在的和未來的顧客，這樣才能通知他們什麼時候有新的列印器材到貨，什麼時候有新的紙張可供購買。他的生計有賴於他拓展顧客的努力。如果他無法讓顧客知道他在做生意，那別人也很難找到他。

即使你工作的地方有著穩定的顧客流量，等待顧客上門絕對不是一個好主意，那太懶惰了。我最喜愛的一句銷售格言是：

銷售員的工作永遠不會結束。

甚至在顧客走出你的店之後，你仍然需要思考一下這樁交易。如果她是新顧客，就記下她的所有相關資訊，包括姓名、位址、電話、電郵信箱、個人喜好、購買日期和購買的商品。

考慮一下，這位顧客下次再來時你要賣給她什麼東西，或者她在未來幾週內沒有再次光臨的話，你該如何和她聯繫。如果她是回頭客，記得一定要確認、更新顧客的檔案資料。

成為顧客的私人購物顧問

如果你準備要邀請顧客再次光臨，你就得知道一旦他們回來你要做些什麼。顧客喜歡受到個別關注，也喜歡別人關心他們。如果你能表現出自己了解顧客的需求和願望，你就可能為自己贏得一個忠誠的顧客。

近年來，個性化的購物服務數量激增，因為女士們和其他各種專業人士發現他們的休閒時間越來越少了。於是，私

人購物顧問應運而生，他們透過代客購物賺到了大筆的錢！
這些人中，有些是購物專家，有些卻不是。有些人恐怕和他
們的客戶一樣，也在商場裡漫無目的地亂逛。

　　既然如此，你何不自己也成為一名私人購物顧問呢？就
你店裡的這些商品而言，你就是購物專家，對吧？學習做你
所有顧客的私人購物顧問吧。

> 　　你對自己的定位是：顧客要前來向你尋求建議，也
> 依賴你幫助他們挑選所需商品。

讓顧客記住你

　　我建議你用各式各樣的方法，讓顧客能時時想起你的名
字。每一種方法都能使你實現建立個人品牌的目標：

（1）找到你想要聯繫的顧客。
（2）向他們介紹你自己。

　　你現在推銷的不只是你的店和商品，更是你自己和你作
為一名關心顧客的銷售員的能力和知識！請透過下面6種方
法，展現出你的關心。

　　1.發感謝短信給你所有的顧客。我建議向你所有的顧客發送自己手寫的個人短信，不要考慮他們在你店裡花錢多少。話要寫得簡短而親切：「感謝您在我們這邊購物，我希望您購物愉快。」至於推銷其他商品或邀請他們再次光臨，可以先不用去提。

　　發感謝短信的銷售員實在是太少了，以致於你只要說聲「謝謝您」就能在眾人之中脫穎而出。我甚至記得在某處聽到有人說過，大多數人回憶過去5年內他們收到的感謝短信，還能記得是誰寄給他們的。

　　今天就開始行動吧。把感謝短信發給今天所有從你這裡購物的顧客。誰知道呢，或許這些顧客中就有一個或更多人會再次光臨，並感謝你發來的感謝短信。

　　2.打追蹤電話或發追蹤短信。和三個月內（時間可以根據需要而調整）在你這裡購物的所有顧客再次聯繫。措辭同樣也要簡短而親切。你在此要做的，就是讓顧客知道有些新品已經到貨，而且與他們已購買的商品十分相配。「感謝您上個月在我們這邊購物。有一些新絲巾已經到貨，它們和您的新衣服搭配起來十分漂亮。我猜您一定想知道這個消息。」

　　不管怎樣，你都提醒了顧客，讓她想起你的服務，還有你店裡許許多多的商品。

3.給顧客寄資訊郵件。假設你是銷售淨水器的，最近有一大批產品賣給了一位房地產開發商，這位開發商正準備把淨水器安裝到它正在建造的一片新住宅中。一個月後，你在相關產業的雜誌上讀到一篇文章，說的是淨水器在家庭住戶中很受歡迎。把文章影印後寄給那位剛在你店裡投入一大筆錢的顧客，難道不是一個很好的主意嗎？

寄資訊郵件是零售業銷售人員絕妙的銷售手段。如果有一篇出自產業雜誌或相關媒體的文章，它就是對顧客從你店裡購買的產品的一種第三方背書。又一次確認！更妙的是，資訊郵件並不試圖銷售任何商品，因而會被視為極具價值的產品資訊。

在寄出資訊郵件時，只需在影本的一角或在你的名片上親筆寫下一段簡短的話，例如像這樣：「我覺得您可能會對這個感興趣。最美好的祝服。銷售員蘇西。」

4.給顧客寄節日賀卡。你有各種機會給你的顧客寄去節日賀卡。這是另一個保持聯繫的不錯理由。你要做的就是簽上你的大名然後問好。你的顧客將會感謝你對他們的掛念。

然而，在你衝出去買回一大堆聖誕賀卡之前，先仔細想想你的真正目的。你想要得到某人的關注，不是嗎？既然如此，那為什麼要在人人都會寄給他卡片的時候給顧客寄聖誕

賀卡呢？你的賀卡只會淹沒在眾多的卡片之中。

發揮你的想像力，在一些出人意料的時機給顧客寄去節日賀卡，例如：

- 土撥鼠節
- 情人節
- 聖派翠克節
- 萬聖節
- 國慶日

有一招就是，不論春夏秋冬，都以寄賀卡的方式宣布新一季的服裝開始銷售。採用這種方式，你就能提醒顧客：這一季的最新商品已經到貨了。

如果你擔心給顧客寄一張聖派翠克節的賀卡會顯得很怪，那你大可放心。與眾不同、印象深刻才最重要。寧可大膽刺激、令人難忘，也不要無聊乏味、轉眼就忘。

5.給商品寄一張「生日賀卡」。這是另一種能讓你的追蹤技巧顯得獨具創意的方法。不要寄生日賀卡給你的顧客。它只會消失在一大堆生日賀卡中，或看起來太老套。相反，寄一張關於商品的生日賀卡，宣布今天是這商品的「生日」，也就是它被顧客從你店裡買回家的那個日子；更確切

地說，就是讓顧客知道你在慶祝這件商品的購買紀念日。

如果你賣了一只手錶給顧客，一張典型的生日賀卡可以這樣寫：「親愛的鐘斯先生：我想告訴您，您的手錶今天一歲了。恭喜您！您下次到商場來時，何不戴著它再次光臨本店呢？我們很樂意知道它的使用情況。您現在或許可以將手錶好好擦拭一番，讓它煥然一新！」

6.寄去你的個人電子報。在這6種建立個人品牌的方法裡面，這一種大概是我最喜歡的。這是因為在你的競爭對手中，很少有人會花時間去寫一篇個人電子報（newsletter），而且它能讓你的自我表達更具有個性，還能幫助你在自己的銷售領域裡建立起權威性。

其實，寫一篇個人電子報並不會花很多時間或金錢。你可以從網路上找到範本，輕鬆創建你的個人電子報，然後用電子郵件寄給客戶。

把你的照片和你商店的名稱放在電子報的左上角，利用下面的空間談談行業趨勢。你可以寫上你自己的觀點，也可以引用最近產業雜誌上的文章。（記得在引用別人的文章時要加以聲明。）你還可以藉此機會通知你挑選的一批顧客，新品已經到貨了。

我認識一位百貨店的銷售人員，她不僅發送個人電子報

告訴顧客什麼商品熱門、什麼不受歡迎，還會在裡面談論自己參加商店慈善活動的事情。透過這種方式，這位銷售人員在社區裡樹立了極為友善的形象，而且作為一個富有愛心、善解人意的人，以及社區中一位受人愛戴的成員，她的信任度也得到了提升。

顧客因為得知她的慈善行為而喜歡她，而且每次到店裡來總會找她。實際上，有很多房地產仲介也會發送個人電子報，談談他們負責的某個地區的情況。他們會討論這個地區有哪些房子已經賣出，哪些房子目前待售，以及市場上發生的最新變化。

一個零售業的成功例子

我所知最為成功的一位零售業女銷售員曾經告訴我，她會追蹤每一位走進她店的顧客的購物情況，這已成了她的一種習慣。她說，她堅持記錄下每一位來店的顧客的情況，並全部寫在她的「客戶手冊」裡。在這本手冊中，她記錄了顧客的以下資訊：

- 光臨商店的日期
- 姓名和地址
- 住家電話和辦公電話

- 電子郵件
- 職業
- 偏愛的支付方式
- 偏愛的廠商和材質顏色
- 購物紀錄
- 生日或其他特殊事件

　　她告訴我，藉由記錄這些資訊，她就能與她的所有顧客建立起個人對個人的關係。「**人們到店裡是為了來看我，而不是來看櫥窗後面有什麼衣服。**」她這麼說。

　　一旦與某個顧客建立起某種關係，這位女銷售員就會特地打電話或發個人短信給顧客。她甚至鼓勵很多客戶先「預約時間」，那麼她就會安排一下，空出個30分鐘陪著顧客選購。在這段時間裡，她會向顧客展示新品，或者幫助顧客為先前購買的衣服挑選新的佩飾。這位女銷售員說，這種服務對於日程繁忙的顧客來說是最理想的。

　　如果你發現你有一位顧客經常需要特別的關注，或者購物時間有限的話，你也可以慷慨地提供幫助。假如你是那位顧客，對於特別關照你的人印象怎麼會不深刻？怎麼會不從這個人那裡購買更多東西呢？

再次叮嚀

　　每一位走進你店裡的顧客都有權退回他們購買的任何商品。因此你必須小心，不要讓商品被退回來。學會鞏固每一筆交易，方法就是確認顧客的購買，並讓顧客知道他們做出了正確的決定。這可能要花一些時間，但是相信我──這真的有用。

　　最後，發出邀請，這一步驟是請顧客再次光臨，也是發展你的個人品牌的一種方法。關心你的顧客，顧客也會開始關心你。

要點回顧

- 積極熱情地投入每一次交易，不要因為你已經收到了貨款或訂金，就認為交易結束了。

- 你對自己的定位是：你不僅是你的銷售領域的權威，而且還是顧客的好參謀。與顧客合作並追蹤他們的購物行為，顧客也會逐漸開始把你當作他的個人助理。

- 在你準備慶祝又一次成交之前，請先確定這是最終的成交。雖然你完成了所有實現成交的必要步驟，也確

實成交了，但你可能還沒有鞏固交易。確認顧客的購買，有助於防止買主的懊悔。

- 你的任務就是要求成交，並在成交後讓顧客放心。你掌握了獨一無二的機會，能使自己成為第一個讓顧客知道他們做出了正確選擇的人。

- 當交易完成後，你就不再是銷售員了；你只是店裡的一個普通人。因此，你說的恭維話會被當作讚美之詞，而不是典型的銷售辭令。

- 要做出更有意義的確認，可以稱呼顧客的名字，也可以用「你」「我」相稱。這有助於進一步將交易個人化。感謝顧客的不是商店，而是你。你要相信顧客完全有能力做出明智的購買決定。你不是做決定的人。

- 如果交易涉及昂貴的物品，例如珠寶、傢俱或手錶，可以打電話確認。如果你每晚都給客戶打確認電話，就能顯著降低你的顧客退貨及撤單的機率。

- 那些經常賺到六位數薪水的銷售員靠的不只是運氣——他們能讓顧客再回來找他們。和回頭客或受推薦而來的顧客做生意遠比新顧客更容易。

- 邀請這一步驟的關鍵，是要根據顧客的具體情況發出請求，使顧客「有義務」告訴你他（以及他的朋友或家人）對你賣給他的商品有多麼喜歡。當這位滿意的

顧客、他的朋友或他的家人再次光臨你的店時，你就創造了一次絕佳機會來銷售更多商品。

- 請顧客回來的最合適理由是，這能讓他告訴你所購商品的使用情況，或者它的使用者是否滿意。理想情況下，你可以邀請所購禮物的接受者也回到店裡。

- 不要告訴顧客他們可能會遇到問題。很多銷售人員都會提醒顧客他們購買的商品有可能出現問題：「再次感謝您。如果您新買的燒烤盤有任何問題，請告訴我！」別這麼做。

- 甚至在顧客走出商店之後，你仍然需要思考一下這樁交易。如果是一位新顧客，就記下與這位顧客相關的所有資訊，包括姓名、地址、電話、電子郵件、個人喜好、購買日期和購買的商品。想想這位顧客下次再來時你要賣給她什麼東西，或者她在未來幾週內沒有再來的話，你該怎樣和她聯繫。

- 學會做你所有顧客的私人購物顧問。你對自己的定位是：顧客要前來向你尋求建議，他們也依賴你來幫助他們挑選所需的商品。

- 利用各種方法讓顧客時時想起你的名字。每一種方法都能使你實現建立個人品牌的目標：找到你想要聯繫的顧客，然後向他們介紹你自己。

- 每一位走進你店裡的顧客都有權退回他們購買的任何商品。因此，小心不要讓商品被退回來。學會鞏固每一筆交易，方法就是確認顧客的購買，並讓顧客知道他們做出了正確的決定。
- 發出邀請，這一步驟是請顧客再次光臨，也是發展你的個人品牌的一種方法。

後記

　　你玩得開心嗎？我真的希望如此。每當我在商場裡，我都覺得銷售是一場值得一玩的遊戲。當你獲勝的時候，不僅是你贏得了戰利品，你的店也贏了，更重要的是，你的顧客也贏了。

　　以銷售為職業有利也有弊。我曾有好多年都對自己沒能成為律師、醫生或其他專業人士而感到不好意思。我實在沒有值得一提的本事，看起來註定要成為一個庸庸碌碌的人。後來，事情就這樣發生了，我決定去學銷售，放手一搏。

　　今天，我覺得我可以真正稱自己為專業人士了。銷售不僅是我關心的事情，而且成了我熱愛的事業。我知道這是我非常擅長的事情。在我人生的各個領域中，我可以自稱內行或專家的領域並不多。銷售給了我一種成就感。

　　和我一樣，你也有這樣的選擇和機會——你不一定要上大學，但你一定要學習；你不一定要在最好的地方工作，但你一定要把工作做到最好；你不一定需要一個百萬富翁顧客，但你一定要把每個顧客當作百萬富翁對待。最重要的是，你一定要渴望成功。

　　我可以非常自豪地說，這本書中的銷售方法是全世界零售業中最廣為使用的方法。這也許是因為它包含了很多實用技巧；也許是因為它採用了合理有序的步驟將這些方法串連起來；又或許是因為它源自商場裡的實戰經驗，所以才通俗易懂。我知道，如果你能夠將本書中的內容付諸實踐的話，你會發現，這些技巧和策略能讓更多的逛街者變成真正的購買者。

　　你會發現，從每日預檢到確認和邀請，我盡量不去介紹那些你覺得很難做到或毫無樂趣的技巧，以免浪費你的時間。

　　請你把每個步驟都當作一個目標。只有完成它，你才能進入下一個步驟。你會發現，用這種方式做好每一步，那麼達到你希望的最終目的——成交——就會容易得多。

　　最後我要說，真誠和親切的銷售是實現客戶服務的最好方式。你的顧客隨時都可以選擇去別處購買。如果處理不當，你將丟失成群的顧客，而你還得把他們一個一個請回

來，多困難啊！如果處理得當，你就擁有無窮的機會。不要忘了──這是表演時間！

關於作者

哈利・佛里曼（Harry J. Friedman）
佛里曼集團（The Friedman Group）創辦人兼執行長
零售業顧問、培訓師、演講者、作家

　　和哈利・佛里曼見面，與其說是見面，不如說是「遭遇」。他特立獨行，具有顛覆性和創造性，而且充滿活力。他獨一無二的風格讓你震驚，並迫使你重新思考零售業的銷售和管理方式。接著，他會用各種「我怎麼沒想到」的技巧把你的眾多逛街者變成真正的購買者，讓你驚喜萬分。如果他對零售店應該如何經營的真知灼見可以裝進瓶子裡，送給全世界每一個零售商的話，零售業將會被提升到一個前所未有的高度。

　　哈利・佛里曼是一位享譽國際的顧問，專精於零售業的銷售和營運管理。自 1968 年起，他就是一名超級銷售員、創造零售業紀錄的銷售經理，還是兩家經營有成的連鎖店的老闆。今天，他被認為是零售業中最傑出的思想領袖、策略家

和遠見家之一。

1980年，他創立了佛里曼集團，該集團如今在11個國家設有辦公室，並且繼續在全球擴展它的業務。他創新而高效的培訓體系已經在全世界傳授給超過50萬家零售商——從最具代表性的零售品牌到最不起眼的個人小店——無一例外地給他們帶來了更多的生意。

佛里曼先生會以激勵人心的方式分享他的經驗，他這種無與倫比的能力使他成為全世界零售業的銷售和管理方面最受歡迎的演講者和暢銷書作家。他以充滿樂趣又大膽直言的風格著稱，他向我們提供的大量既實際又實用的資訊，遠遠不止於激勵人心。

他機智的頭腦和生動的演講技巧已經表現在為各類客戶所做的主題演講和所傳授的私人課程之中，這些客戶包括了獨立零售商、貿易組織、生產商和許多財星500大企業。他所撰寫的文章刊登在全國性的產業雜誌上超過500多次，本書是他的暢銷書，現在已經是第11次印刷了。

他是零售業排名第一的銷售管理方法的創造者，採用該方法的零售商數量比採用任何其他銷售方法的都要多。作為零售業內最受追捧的顧問之一，他的銷售技巧透過現場諮詢和培訓服務、網路授課、現場研討會、線上研討會以及各種音檔、影片和印刷出版物，傳授給世界各地不同規模、不同

行業的零售商。

佛里曼先生還開發了零售業中最受歡迎的培訓課程——包括專業零售管理課程（以前稱為「零售管理訓練營」），多店舖監管課程和銷售大師課程——還有「金星銷售」（Gold Star Selling）等各種銷售訓練課程的DVD產品，以及《零售業完全手冊：銷售遊戲和銷售競賽》（*Retailer's Complete Book of Selling Games and Contests*）和《零售業策略指南》（*Retail Policies Manual*）等。所有佛里曼課程中的頂尖產品就是「金星計畫」（Project Gold Star），它是由零售業店主和高階管理者參加的一系列獨特的每月會議，關注的是如何發展真正高績效的零售業營運方式。

即使已被很多人視為零售業最好的導師，他依舊是充滿爭議、發人深省的哈利——但也是平凡的普通人哈利。

國家圖書館出版品預行編目（CIP）資料

銷售洗腦：「謝了！我只是看看」當顧客這麼說，
你要怎麼辦？輕鬆帶著顧客順利成交的業務魔法
／哈利‧佛里曼（Harry J. Friedman）著；施軼
譯. -- 初版. -- 臺北市：經濟新潮社出版：英屬
蓋曼群島商家庭傳媒股份有限公司城邦分公司發
行, 2021.12
　　面；　公分. --（經營管理；173）
　　譯自：No thanks, I'm just looking: sales techniques
for turning shoppers into buyers
　　ISBN 978-626-95077-7-1（平裝）

1.銷售　2.行銷心理學　3.顧客關係管理

496.5　　　　　　　　　　　　　　　110020322